新一代信息技术公共基础课教材

U0290654

新一代信息技术与人工智能基础

江　励　李鹤喜　主　编

曾军英　秦传波　王　柱　陈　涛　副主编

刘　颖　张笑燕　主　审

电子工业出版社
Publishing House of Electronics Industry
北京·BEIJING

内 容 简 介

在梳理和总结信息技术和人工智能的最新技术及其成果的基础上，依据高等院校相关课程培养目标，进行本书编写框架的设计及具体内容的组织。

本书主要内容包括绪论、新一代信息技术与人工智能概述、新一代信息技术基础、人工智能基础、5G 通信与物联网技术应用、大数据与云计算技术应用、人工智能技术应用——机器视觉和机器学习、人工智能技术应用——自然语言处理。

本书可作为高等院校跨多专业的技术基础课程教材，也是广大青年的有益读本。

图书在版编目（CIP）数据

新一代信息技术与人工智能基础 / 江励，李鹤喜主编. —北京：电子工业出版社，2022.7

ISBN 978-7-121-44065-6

Ⅰ. ①新… Ⅱ. ①江… ②李… Ⅲ. ①信息技术—高等学校—教材 ②人工智能—高等学校—教材 Ⅳ. ①TP3 ②TP18

中国版本图书馆 CIP 数据核字（2022）第 134135 号

责任编辑：朱怀永

印　　刷：天津千鹤文化传播有限公司

装　　订：天津千鹤文化传播有限公司

出版发行：电子工业出版社

　　　　　北京市海淀区万寿路 173 信箱　邮编 100036

开　　本：787×1092　1/16　印张：15.75　字数：400 千字

版　　次：2022 年 7 月第 1 版

印　　次：2023 年 7 月第 3 次印刷

定　　价：49.80 元

前　言

"新一代信息技术与人工智能"是在新一轮科技革命和产业变革的背景下，结合目前高等教育的改革发展趋势，为高等院校学生开设的一门跨专业技术基础课程。该课程的目标有三个：

（1）理解新一代信息技术与人工智能的相关理论和背景；理解新一代信息技术与人工智能的内涵、相互关系，以及对智能经济、智能社会、智能生产等方面的影响和作用；熟悉新一代信息技术与人工智能发展规划，树立科技创新与科技强国的理念。

（2）培养学生应用新一代信息技术与人工智能的知识和方法分析，培养学生处理本专业问题的意识和能力；训练学生应用新一代信息技术与人工智能发展创新思维，培养创新创业实践的能力。

（3）引导学生关注新一代信息技术与人工智能快速发展的主流趋势，不断增强学习的自觉意识和能力。

我们根据以上课程目标设计了课程内容并编写了本书。

在内容的安排上，本书对照课程目标，共设置 8 章内容。其基本内容安排如下：第一章介绍课程的背景和总体学习目标；第二章阐述新一代信息技术、人工智能的基本概念；第三章介绍新一代信息技术的基础知识；第四章介绍人工智能的基础知识；第五章介绍 5G 通信和物联网技术的典型应用案例；第六章介绍大数据与云计算技术的典型应用案例；第七章介绍人工智能中机器学习和机器视觉的典型应用案例；第八章介绍人工智能中自然语言处理技术的典型应用案例。

本书由广东五邑大学《新一代信息技术与人工智能基础》编审委员会负责进行编写和审核，按照编审委员会的规划，具体编写工作安排如下：由五邑大学江励、李鹤喜任主编，曾军英、秦传波、王柱、陈涛任副主编，由北京交通大学刘颖教授和北京邮电大学张笑燕教授任主审。

在本书的编审及出版过程中，得到了五邑大学《新一代信息技术与人工智能基础》编审委员会、电子工业出版社的领导和编辑们的指导与支持。参加编审的各位老师付出了大量卓有成效的劳动，在此表示诚挚的感谢！各位编者在编写过程中，参阅和引用了大量文献、教材和网络资料，无法在书中一一列出，谨在此一并向原作者表示衷心的感谢！

由于编者水平所限，书中难免存在疏漏及不当之处，恳请各位读者给予批评指正。

编者

2022 年 3 月

目 录

V

第1章 绪 论

1.1 背景

随着新一轮科技革命和产业变革的兴起，云计算、大数据、物联网等新一代信息技术正在席卷全球，中国经济进入"新常态"阶段后，以阿里巴巴、腾讯为代表的国内互联网科技巨头纷纷将人工智能作为发展重点，为中国经济的可持续发展做出了巨大贡献。图 1-1 所示为我国人工智能行业发展趋势。

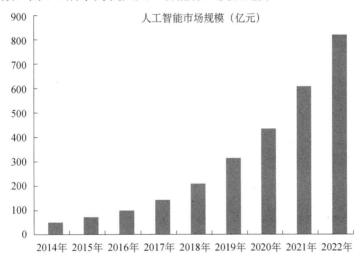

图 1-1 我国人工智能行业发展趋势

作为世界第二大经济体，中国经济正在进行着巨大的结构调整和转型，目标是建立一个能够实现更可持续增长的经济体。2018 年 11 月 7 日，第五届世界互联网大会在浙江乌镇召开，包括阿里巴巴在内的一批世界知名互联网创新型企业在人工智能等领域展示了最新发展趋势和前沿技术，如云计算和工业互联网技术。未来，随着新产业、新业态、新模式的出现，数字经济将进一步给人类社会带来深刻变革。

1.1.1　新一代信息技术

新一代信息技术分为六个方面，分别是下一代通信网络、物联网、三网融合、新型平板显示、高性能集成电路和以云计算为代表的高端软件。结合地区经济发展特色和对人才培养的要求，本书在新一代信息技术方面将主要介绍下一代通信网络、物联网、大数据与云计算等方面的内容。

下一代通信网络是指以 5G 通信技术为代表的高速率、低延时数据传输系统，其关键技术包含超密集异构网络、自组织网络、内容分发网络、D2D 通信、M2M 通信、信息中心网络等。其应用领域包含车辆网及自动驾驶、远程外科手术、智能电网等。本书将主要介绍 5G 通信的基本概念、发展概况和基础知识，并通过几个典型的案例介绍 5G 通信所涉及的关键技术。

物联网是指将无处不在的末端设备和设施，包括具备"内在智能"的传感器、移动终端、工业系统、数控系统、家庭智能设施、视频监控系统等，和"外在使能"的，如贴上 RFID 的各种资产、携带无线终端的个人与车辆等"智能化物件或动物"或"智能尘埃"，通过各种无线或有线的长距离或短距离通信网络实现互联互通、应用集成及基于云计算的 SaaS 营运等模式，在内网、专网或互联网环境下，采用适当的信息安全保障机制，提供安全可控乃至个性化的实时在线监测、定位追溯、报警联动、调度指挥、预案管理、远程控制、安全防范、远程维保、在线升级、统计报表、决策支持、领导桌面等管理和服务功能，实现对"万物"的"高效、节能、安全、环保"的"管、控、营"一体化。物联网体系结构主要由三个层次组成，即感知层（感知控制层）、网络层和应用层，其关键技术包括传感器技术、嵌入式系统技术、智能技术等，在医学、安防、工业现场管理等领域有着非常广泛的应用。本书将主要介绍物联网的基本概念和基础知识，并通过几个典型的案例介绍物联网所涉及的关键技术。

大数据是指需要新处理模式才能具有更强的决策力、洞察发现力和流程优化能力来适应海量、高增长率和多样化的信息资产，是一种规模大到在获取、存储、管理、分析方面大大超出了传统数据库软件工具能力范围的数据集合，具有海量的数据规模、快速的数据流转、多样的数据类型和价值密度低四大特征。

云计算是分布式计算的一种，指的是通过网络"云"将巨大的数据计算处理程序分解成无数个小程序，然后通过多部服务器组成的系统进行处理和分析，得到结果并返回给用户。从技术上看，大数据与云计算的关系就像一枚硬币的正反面一样密不可分。大数据必然无法用单台计算机进行处理，必须采用分布式架构。它的特色在于对海量数据进行分布式数据挖掘。但它必须依托云计算的分布式处理、分布式数据库和云存储、虚拟化技术。本书将主要介绍大数据与云计算的基本概念和基础知识，并通过几个典型的案例介绍大数据与云计算所涉及的关键技术。

1.1.2 人工智能

人工智能是计算机科学的一个分支，它企图了解智能的实质，并生产出一种新的能以人类智能相似的方式做出反应的智能机器。现如今，人工智能已经逐渐发展成一门庞大的学科，它包含了机器学习、深度学习、人机交互、自然语言、机器视觉等多个技术领域。目前，人工智能技术已经广泛应用于智能机器人、语言识别、图像识别、自然语言处理和专家系统等方面，被认为是 21 世纪三大尖端技术之一。本书将主要介绍人工智能技术的概念、发展概况和以机器学习技术为代表的基础知识，并通过多个机器视觉和自然语言处理应用案例对人工智能所涉及的关键技术进行介绍。

1.1.3 新一代信息技术与人工智能

图 1-2 描述了新一代信息技术与人工智能的关系，可以看到，5G 是新一代信息通信技术的代表，让一切设备互联以激活万物智能，加速物联网在全行业的普及，加速推进人工智能、大数据与云计算的发展。大数据与云计算将极大地推动人工智能的发展。人工智能将在生产制造、服务、金融、社会医疗等领域带来巨大的变化，而机器人是人工智能物理空间中的重要载体。

本书将主要围绕新一代信息技术与人工智能的发展如何推动社会生产和生活方式的变革来介绍新一代信息技术、人工智能与社会发展间的关系，介绍生产方式的智能化、生活方式的智慧化、大数据时代的个人隐私保护、人工智能与社会伦理等内容。

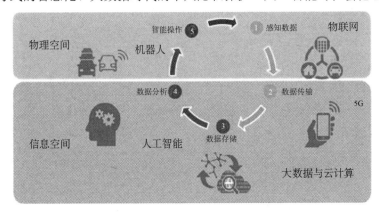

图 1-2　新一代信息技术与人工智能的关系

1.2 学习目标

通过本书的学习，主要培养学习者以下三个方面的能力和素质：

（1）理解新一代信息技术与人工智能的相关理论知识、背景文化和典型应用；理解新一代信息技术与人工智能的内涵、相互关系及对智能经济、智能社会、智能生产等方面的影响和作用；熟悉新一代信息技术与人工智能的发展规划，树立创新驱动和科技强国的理念。

（2）培养应用新一代信息技术与人工智能理论和方法分析和处理本专业问题的意识和能力；提升应用新一代信息技术与人工智能发展创新思维和进行创新创业实践的能力。

（3）能够关注新一代信息技术与人工智能快速发展的主流趋势，增强不断学习的自觉意识和能力。

第2章 新一代信息技术与人工智能概述

![tree icon] **本章内容和学习目标**

本章主要围绕新一代信息技术与人工智能介绍以下主要内容：移动通信技术的发展演变；5G 的发展现状；5G 的特点和优势；5G 的主要体系架构；5G 的行业应用及对社会的重大影响；物联网的基本概念；物联网技术的发展演变；物联网技术的体系架构；物联网的行业应用；大数据技术概述；云计算技术概述；人工智能的发展概况；人工智能的内涵；人工智能的应用领域；新一代信息技术与人工智能的关系；新一代信息技术对社会发展和生产生活方式转变的推动；大数据时代的个人隐私保护；人工智能与社会伦理。

通过本章的学习，学习者应该能够理解 5G 通信和物联网技术的主要体系架构；理解大数据与云计算的基本概念，理解二者间的关系；理解人工智能的基本概念，理解人工智能在现代生产中的基本应用；理解新一代信息技术、人工智能与社会的关系；理解新一代信息技术与人工智能对社会发展所产生的影响。

2.1 5G 通信技术概述

随着经济社会的发展，移动通信技术得到了越来越广泛的应用。在我国，移动通信技术的起步虽晚，但是发展极其迅速。如今经济全球化与信息网络化的快速推进，现有的移动网络已经很难满足移动业务发展的需要，为适应发展，对现有的移动通信技术进行改进就越来越迫切。一方面要求尽可能地丰富移动业务以满足移动用户不断增长的业务需求；另一方面要求通过采用新技术，不断提高系统的容量，以支持不断增长的移动用户的数量，移动通信技术正是在这两种需求的驱动下快速发展的。G 是英文 generation 的缩写，意思是"代"，所以 5G 表示的就是第 5 代移动通信系统。

2.1.1 移动通信技术的发展演变

1. 第一代移动通信系统

20 世纪 70 年代末，美国 AT&T 公司研制了第一套蜂窝移动电话系统。第一代无线网络技术的贡献在于去掉了连接到电话网络的用户线，用户第一次能够在移动的状态下拨打电话。第一代移动通信的各种蜂窝网系统有很多相似之处，但是也有很大差异，它们只能提供基本的语音会话业务，不能提供非语音业务，并且保密性差，容易并机盗打，而且它们之间还互不兼容，显然移动用户无法在各种系统之间实现漫游。

2. 第二代移动通信系统

第二代移动通信数字无线标准主要有 GSM、D-AMPS、PDC 和 IS-95CDMA 等。在我国，已有的移动通信网络主要以第二代移动通信系统的 GSM 和 CDMA 为主，网络运营商运用的主要是 GSM 系统。第二代移动通信系统在引入数字无线电技术以后，为数字蜂窝移动通信系统提供了更好的网络，不仅改善了语音通话质量，提高了保密性，防止了并机盗打，而且也为移动用户提供了无缝的国际漫游。

3. 第三代移动通信系统

第三代移动通信系统简称 3G，它是一种真正意义上的宽带移动多媒体通信系统。第三代移动通信系统能提供高质量的宽带多媒体综合业务，并且实现了全球无缝覆盖和全球漫游。第三代移动通信系统的数据传输速率高达 2Mbps，其容量是第二代移动通信系统的 2～5 倍。目前，最具代表性的第三代移动通信系统有美国提出的 MC-CDMA（CDMA2000）、欧洲和日本提出的 W-CDMA 和中国提出的 TD-CDMA。

4. 第四代移动通信系统

第四代移动通信系统简称 4G，其技术重点是增加数据和语音容量并提高整体体验质量。WiMAX 和 LTE 是 4G 技术标准，目前全球的运营商大都采用 LTE 标准。4G 推出了全 IP 系统，彻底取消了电路交换技术。4G 使用 OFDMA 来提高频谱效率，使用 MIMO 和载波聚合等新的 4G 组件进一步提高了整体网络容量。随着带宽量的增加和延迟的减少，4G 可以提供诸如 LTE 语音（VoLTE）和 WiFi 语音（VoWiFi）等许多附加服务。

综观移动通信技术的发展历程，当代移动通信系统的发展可分为四个阶段。

（1）第一代移动通信系统以模拟调频、频分多址为主体技术，包括以蜂窝网系统为代表的公共移动通信系统、以集群系统为代表的专用移动通信系统及无绳电话。

（2）第二代移动通信系统是以数字传输、时分多址或码分多址为主体技术，包括数字蜂窝系统、数字无绳电话系统和数字集群系统等。

（3）第三代移动通信系统以世界范围内的个人通信为目标，实现任何人在任何时候、任何地方进行任何类型信息的交换。

（4）第四代移动通信系统的重点是增加数据和语音容量并提高整体体验质量。

2.1.2　5G 的发展现状

2019 年是 5G 元年，随着 5G 标准和频谱生态环境的统一发展，各国加快了 5G 的商业化进程，在 5G 技术的发展道路上竞相卡位，竞争激烈。美国、日本和韩国在 2017—2018 年部署了 5G 测试网络，2019 年部署符合 5G 国际统一标准的设备。欧盟在 2017 年开始 5G 试验，计划到 2025 年全面部署 5G。欧洲监管部门正在对 5G 频率进行统筹，3.4～3.8GHz 频段协调进展最快；爱立信与西班牙电信将著名的诺坎普体育场升级为 5G 体育场。韩国 LG U+ 已部署 1.5 万个 5G 基站，华为设备占 95%；三星正进行 5G 业务并购，其目标是到 2022 年占据 20%设备市场份额；韩国电信巨头 SK 推出 5G 边缘计算开放平台，向第三方开放以推进 5G 商业化。

图 2-1 所示为移动通信技术的发展历程。

图 2-1　移动通信技术的发展历程

中国 5G 技术发展已进入全球第一阵营，华为率先完成中国联通 5G 独立组网、核心网第一阶段内场测试，完成首个基于 5G 终端芯片巴龙 5000 的业务应用验证。

国内外 5G 手机密集发布，5G 概念的落地及在生活中的大范围应用都离不开各大手机厂商和各大运营商的支持。2019 年 2 月份，在巴塞罗那举行的 MWC2019 大会上，华为、中兴、OPPO、小米等厂商都相继发布了各自的 5G 机型。

目前，国外各大运营商紧锣密鼓地开展 5G 套餐业务。如芬兰早在 2018 年底就开通了商用的 5G 套餐，套餐费用为每月 50 欧元，不限量 5G 流量，不过民众反应价格实在比想象中的贵很多。美国在 2019 年 4 月份发布了支持智能手机的 5G 商用网络，但因缺乏支持 5G 的智能手机并且网络信号弱，实际应用效果大打折扣。此外，韩国也在 2019 年的 4 月份发布了 5G 网络套餐，同时也有三星的 5G 手机支持，但却跟芬兰一样遇到了价格过高的问题，韩国发布的 5G 套餐最低价位要每月 5.5 万韩元，价格高昂导致大多数韩国民众表示接受不了。

国内三大运营商快马加鞭地抢占 5G 市场份额。2019 年 6 月 6 日，中国移动、中国联通、中国电信三大运营商获得了 5G 牌照。三大运营商一直都在为 5G 网络的应用做着充分的准备，中国联通开通 5G 基站和交付首批 5G 手机，中国移动建设 5G 网络，中国电信开通 5G 试验网。

2.1.3　5G 的特点和优势

5G 即第五代移动通信系统（5th generation wireless systems，简称 5G）。每一代移动通信系统的大规模商用化后，都大大改变了人们的生活。那么，5G 时代将会是怎样的？5G 将深刻地影响娱乐、制造、汽车、能源、医疗、交通、教育、养老等各个行业。3D 电影、自动驾驶、无人机、物流、智能电网、智能工厂、虚拟现实、智慧家居等场景都能应用 5G 实现革命性的发展。

1. 5G 优势之高数据速率

5G 网络的主要优势在于，数据传输速率远远高于以前的蜂窝网络，最高可达 10Gbps，比当前的有线互联网要快，比先前的 4G LTE 蜂窝网络快 100 倍。美国芯片制造商高通认为，5G 可以在实际（而不是实验室）条件下，实现快 10 到 20 倍的浏览和下载速度。也就是说，1 分钟左右就可以下载一部高清电影。而我们谈论的还是基于现有 4G LTE 网络搭建的 5G 网络，仅仅是第一代 5G 调制解调器；未来的 5G 芯片，很可能会更快。5G 的超大带宽传输能力，即便是看 4K 高清视频、360 度全景视频及 VR 虚拟现实体验都不会出现卡顿的情况。

2. 5G 优势之减少延迟

5G 另一个优点是较低的网络延迟（更快的响应时间），低于 1ms，而 4G 为

30～70ms。较低的延迟可以帮助 5G 提供全新的移动网络，而不仅仅是对现有 4G 网络的适度改善。5G 应用于多人移动游戏、工厂机器人、自动驾驶汽车和其他需要快速响应的任务——所有当今 4G 网络都在挣扎或根本无法应对的领域。

3. 5G 优势之节省能源

随着各类能源业务的快速增长，电网设备、电力终端、用电客户迫切需要通过最新的通信技术及系统支撑，满足爆发式增长的通信需求。5G 技术将支持能源领域基础设施的智能化，并支持双向能源分配和新的商业模式，以提高生产、交付、使用和协调有限的能源资源的效率。可再生能源、电动汽车、智能电网等领域将成为 5G 在能源行业的重点应用场景。5G 通信具有高速率、高安全、全覆盖、智能化等特点，可有效地解决分布式光伏电站分散、点多、量大等问题。5G 技术对光伏云网带来的最大变化是数据传输速率与质量的大幅提升，这能够有效解决光伏云网所面临的用户数量激增、海量分布式数据难以采集、广域覆盖难以保障等难题。

4. 5G 优势之大规模设备连接

5G 应用的两大愿景：超大规模连接和大规模物联网。物联网将是 5G 发展的主要动力，业内认为 5G 是为万物互联设计的。到 2021 年，已有 280 亿部移动设备实现互联，其中 IoT（Internet of Things，物联网）设备达到 160 亿部。未来十年，物联网领域的服务对象将扩展至各行业用户，M2M（Machine to Machine，机器对机器）终端数量将大幅激增，应用无所不在。从需求层次来看，物联网首先是满足对物品的识别及信息读取的需求，其次是通过网络将这些信息传输和共享，随后是联网物体随着量级增长带来的系统管理和信息数据分析，最后是改变企业的商业模式及人们的生活模式，实现万物互联。未来的物联网市场将朝向细分化、差异化和定制化方向改变，未来的增长极可能超出预期。

5G 的高数据速率（大宽带）、减少延迟（超低延时）和大规模设备连接的三大特点和优势可用图 2-2 进行描述。

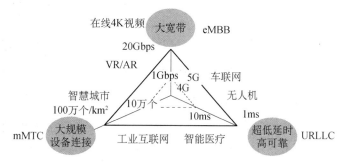

图 2-2 5G 的三大特点和优势

2.1.4　5G 的主要体系架构

5G 技术创新主要来源于无线技术和网络技术两方面。在无线技术领域，大规模天线阵列、超密集组网、新型多址和全频谱接入等技术已成为业界关注的焦点；在网络技术领域，基于软件定义网络（SDN）和网络功能虚拟化（NFV）的新型网络架构已取得广泛共识。此外，基于滤波的正交频分复用（F-OFDM）、滤波器组多载波（FBMC）、全双工、灵活双工、终端直通（D2D）、多元低密度奇偶检验（Q-aryLDPC）码、网络编码、极化码等也被认为是 5G 重要的潜在无线关键技术。5G 的技术创新如图 2-3 所示。

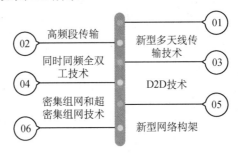

图 2-3　5G 的技术创新

2.1.5　5G 的行业应用及对社会的重大影响

对于装置制造业、建筑业及采矿业等行业，5G 是行业演进过程极为缺失又极其重要的关键技术，5G 技术对于该行业的发展和突破是一种必须。以装置制造业为例，其行业的发展、应用和突破强烈依赖于 5G 的泛连接、低时延和低能耗等特性。5G 通过强大的无线连接、边缘计算和网络切片技术，将助力无线自动化控制、工业云化机器人、预测性维护、柔性生产等方向突破，驱动工业 4.0 的真正落地，进一步推动未来工厂的诞生。其中预测性维护作为工业 4.0 领域的关键创新点和潜在爆发点，涉及实时监控机器状态、识别异常并自动执行维修工作，可以大规模降低机器维修成本及减少停机时间，并通过数据的实时反馈以调整和优化机器设置。预测性维护对于 5G 的泛连接、低能耗等特性有极高需求，5G 的高承载力将促使连接设备的数量增加超过 100 倍，从而实现对整个供应链的检测和预测性维护，协调并优化整个生产周期，同时 5G 芯片的低能耗也将极大降低预测性维护的成本。在 5G 驱动工业 4.0 的大背景下，5G 生态中各方参与者合作共赢，进行相关技术和应用研究。例如：华为和倍福自动化股份有限公司于 2018 年 4 月共同发布了一项能够实现未来智能工厂的关键产品——基于 5G 技术的无线可编程逻辑控制器

（PLC）。在汉诺威展会成功进行概念验证试验期间，两家公司共同展示了在两台协作 PLC 之间采用基于 5G 的无线工业网络的样机，从而取代了传统的线缆通信方式。相对于现有的有线网络系统，PLC 中直接集成蜂窝技术，以更经济、更环保的方式实现工业自动化。日本电信公司 NTT 与日本领先企业 NSSolutions 于 2018 年 3 月发布其新款作业机器人，操作者只要通过电信公司提供的 5G 网络进行联机，就可以远距离实时地操作机器人。目前，该机器人能与操作者的上半身动作进行同步，做出相应动作，日后将会把这项技术应用在实际工厂或危险环境进行作业的设备。

对于医疗保健行业，5G 将提供卓越的创新平台，不断激发该领域创新型应用。5G 技术将通过其低时延、高带宽等优异性能，有望让远程医疗真正普及。

5G 给远程医疗提供了更好的技术实现条件，通过提供更快的速度、更稳定的连接、更小的时间延迟与更大的容量来改善远程医疗和远程护理。

利用 5G 网络，医生可以更快调取图像信息、开展远程会诊，甚至开展远程手术。而为了实现患者应用程序处理方式的改变，未来患者数据将需要采用集中存储，最终使得医院转变为数据中心，医生转型成为医疗数据专家，为整个医疗服务带来革命性的创新。

早在 2016 年 7 月，爱立信就联合伦敦国王学院成立"远程控制和干预"5G 医疗研究小组，使用探针作为生物手指的机器代表，使得外科医生在微创手术中拥有触感，并能实现组织内硬结核的准确实时定位，该探针（机器人手指）能识别癌组织，并以触觉反馈形式将信息发送给外科医生。

2019 年 1 月，美国 AT&T 公司与拉什大学医疗中心一起共同合作创建了美国第一家 5G 医院。5G 作为一项重要技术，完全实施后将大规模激发现代医院的创新应用场景，并提供高质量的患者和员工体验。

据 HIS 预测，5G 将为全球医疗领域提供超过 1 万亿美元的产品和服务，而远程医疗将在 2025 年实现超过 2300 亿美元的市场规模。

对于第三产业，5G 将作为一个技术平台，持续赋能产业并推进产业增值，代表性行业包括媒体娱乐业、酒店管理业、教育业、专业服务业等。以 VR/AR 为例，5G 的出现，将为其带来产品体验提升、云端升级畅想和产品成本节约三大增值。4G 环境下最短的网络时延也在 40ms 左右，而 5G 带来的 1ms 及以下延迟，将有力支撑用户在移动环境中仍能得到很好的 VR/AR 产品体验；同时，当前 VR/AR 产品的存储和计算功能仍主要集中在本地，对 VR/AR 产品的容量带来了限制，5G 环境下上下峰值速率将实现从 20Mbps 至 20Gbps 的跨越，更多高质量的 VR/AR 内容和应用将走向云端，利用云端服务器的数据存储和高速计算功能，满足用户日益增长的体验要求的同时大大降低运行价格，加速向超高体验的游戏和建模、基于云的混合现实应用等为代表的云 VR/AR 阶段演进。

5G 的应用场景如图 2-4 所示。

视频会话	视频播放	移动在线游戏	VR/AR
智能家居控制	实时视频分享	云桌面	车联网
云存储	高清图片上传	OTT消息	视频监控

图 2-4　5G 的应用场景

纵观全球，可以看到除 VR/AR 企业外，领先的电信、互联网企业也摩拳擦掌，积极参与到云 VR/AR 体系的打造中，试图在云 VR/AR 时代抢占先机、寻找自己独特的产业定位。

亚马孙在 2018 年洛杉矶举行的 NBA 全明星赛上使用具备 5G 功能的护目镜进行 VR 直播，其闪电般的速度已经可以模拟一场实时的篮球赛事；AT&T 在美国加州建立边缘计算试验区，将低时延、复杂的应用程序和高计算能力应用在 VR/AR 领域，以不断改进其功能和用户体验，孵化出如云 VR/AR 及云驱动游戏等新型商业模式。

同时，中国企业也在云 VR/AR 领域积极部署。2019 年 1 月，华为在上海召开华为云 5G CloudVR 服务发布会，分享其 CloudVR 开发套件、CloudVR 连接服务和 CloudVR 开发者社区三大服务模块；而中国移动联合大朋 VR 在西班牙世界移动通信大会（MWC2018）上积极展示其基于 5G 边缘云架构的 PCVR 游戏大作《钢魂》。

2019 年 2 月，上海移动和华为公司携手打造了全球首个采用 5G 室内数字系统建设的火车站——上海虹桥火车站。在 2019 年 2 月 18 日的启动仪式上，上海移动和华为展示了 5G 室内数字系统的网络运行能力（可达 1.2Gbps 峰值速率），并通过智慧机器人问路、送餐等互动体验，展示了 5G 时代可能实现的新生活方式。

5G 的融合应用如图 2-5 所示。

图 2-5　5G 的融合应用

2.2　物联网技术概述

2.2.1　物联网的基本概念

物联网（Internet of Things）是指将各种信息传感设备，如射频识别（RFID）装置、传感器、全球定位系统、激光扫描器、摄像机等，通过各种通信手段（无线、有线）按约定的协议将其与互联网连接起来，以实现智能化感知、识别、定位、跟踪、监控和管理的一种综合性网络，如图 2-6 所示。

互联网和移动通信网络实现了人与人之间的、广泛的、便利的通信，物联网则实现了物与物、物与人之间便利的通信。

图 2-6　物联网的基本概念

2.2.2　物联网技术的发展演变

物联网作为一种模糊的意识或想法而出现，可以追溯到 20 世纪末。1995 年，比尔·盖茨在《未来之路》一书中就已经提及类似于物品互联的想法，只是当时受限于无线网络、硬件及传感设备的发展，并未引起重视。

1999 年，美国麻省理工学院 Auto-ID 研究中心的创建者之一 Kevin Ashton 教授在他的一个报告中首次使用了"Internet of Things"这个短语。

事实上，Auto-ID 研究中心的目标就是在 Internet 的基础上建造一个网络，实现计算机与物品（objects）之间的互联，这里的物品包括各种各样的硬件设备、软件、协议等。

1999 年至 2003 年，物联网方面技术研究和应用仅限于实验室中，这一时期的主要工作集中在物品身份的自动识别，如何减少识别错误和提高识别效率是关注的重点。

2003 年，"EPC 决策研讨会"在芝加哥召开。作为物联网方面第一个国际会议，得到了全球 90 多个公司的大力支持。从此，物联网相关研究和应用工作开始走出实验室。

经过工业界与学术界的共同努力，2005 年物联网终于大放异彩。这一年，国际电信联盟（ITU）发布了题为《ITU 互联网报告 2005：物联网》的报告，物联网概念开始正式出现在官方文件中。

从此以后，物联网获得跨越式的发展，美国、中国、日本及欧洲一些国家纷纷将发展物联网基础设施列为国家战略发展计划的重要内容之一。

在美国，IBM 提出了"智慧地球"的构想，其中物联网是不可缺少的一部分，2009 年 1 月，美国将其提升到国家战略。

在欧洲，2009 年 6 月，欧盟在比利时首都布鲁塞尔向欧洲议会、欧洲理事会、欧洲经济与社会委员会和地区委员会提交了以《物联网——欧洲行动计划》为题的公告，其目的是希望欧洲通过构建新型物联网管理框架来引领世界物联网技术的发展。

欧盟委员会提出物联网的三个方面特性：

第一，不能简单地将物联网看作互联网的延伸，物联网建立在特有基础设施之上，是一系列新的独立系统，当然，部分基础设施仍要依存于现有的互联网。

第二，物联网将伴随新的业务共同发展。

第三，物联网包括了多种不同的通信模式，其中特别强调了机对机通信（M2M）。

自 2009 年，物联网被正式列为国家五大新兴战略性产业之一，并写入政府工作报告，物联网在中国受到了全社会极大的关注。2010 年，物联网作为新一代信息技术被纳入《国务院关于加快培育和发展战略性新兴产业的决定》确定的七大战略性新兴产业。

2011 年，物联网被"十二五"规划确定为推动跨越发展的重点领域。

2012 年，工业和信息化部发布《物联网"十二五"发展规划》，该规划提出到 2015 年，我国要完善物联网发展格局。

2013 年，国家发改委发布《物联网发展专项行动计划》，提出了到 2015 年，我国将在各个领域开展物联网应用示范，部分领域实现规模化推广。

2016 年，物联网被写进"十三五"规划，物联网的火花已悄然绽放。

2017 年，工业和信息化部发布《物联网发展规划（2016—2020 年）》，到 2020 年，具有国际竞争力的物联网产业体系基本形成。

2.2.3　物联网技术的体系架构

物联网是在互联网和移动通信网等网络的基础上，针对不同领域的需求，利用具有感知、通信和计算功能的智能设备自动获取现实世界的信息，将这些对象互联，实现全面感知、可靠传输、智能处理，构建人与物、物与物互联的智能信息服务系统。

物联网体系结构主要由感知层（感知控制层）、网络层和应用层组成。感知层：主要分为两类，即自动感知设备（能够自动感知外部物理信息，包括 RFID、传感器、智能家电等）和人工生成信息设备（包括智能手机、个人数字助理（PDA）、计算机等）。

网络层：又称为传输层，包括接入层、汇聚层和核心交换层。

接入层相当于计算机网络的物理层和数据链路层，RFID 标签、传感器与接入层设备构成了物联网感知网络的基本单元。接入层通信方式分为无线方式和有线方式，无线方式包括无线局域网、M2M 通信，有线方式包括现场总线、电力线接入、电视电缆和电话线。

汇聚层位于接入层和核心交换层之间，进行数据分组汇聚、转发和交换，进行本地路由、过滤、流量均衡等。汇聚层方式也分为无线方式和有线方式，无线方式包括无线局域网、无线城域网、M2M 通信和专用无线通信等，有线方式包括局域网、现场总线等。

核心交换层为物联网提供高速、安全和具有服务质量保障能力的数据传输，可以是 IP 网、非 IP 网、虚拟专网，或者它们之间的组合。

应用层：分为管理服务层和行业应用层。

管理服务层通过中间件软件实现感知硬件和应用软件之间的物理隔离和无缝连接，提供海量数据的高效汇聚、存储，通过数据挖掘、智能数据处理等，为行业应用层提供安全的网络管理和智能服务。

行业应用层为不同行业提供物联网服务，具体行业包括智能医疗、智能交通、智能家居、智能物流等。行业应用层主要由应用层协议组成，不同的行业需要制定不同的应用层协议。

在物联网整个体系结构中，信息安全、网络管理、对象名字服务和服务质量保证是共性技术。

物联网关键技术包括自动感知技术（包括传感器设计，中间件与数据处理软件设计）、嵌入式技术、移动通信技术、计算机网络技术、智能数据处理技术（包括中间件与应用软件设计、海量数据存储与计算、数据挖掘）、智能控制技术、信息安全技术等。

2.2.4 物联网的行业应用

由于受政治、社会等多方面的影响，近些年来，全球经济增长乏力，世界各国的经济都面临着严峻的挑战，在这种情况下，物联网应运而生并成为经济发展的新动力。基于此，亿欧智库 2018 年发布了《2018 年中国物联网行业应用研究报告》，报告根据实际情况，对物联网产业的发展进行了梳理，并总结出了十大应用领域，分别为物流、交通、安防、能源、医疗、建筑、制造、家居、零售和农业，如图 2-7 所示。

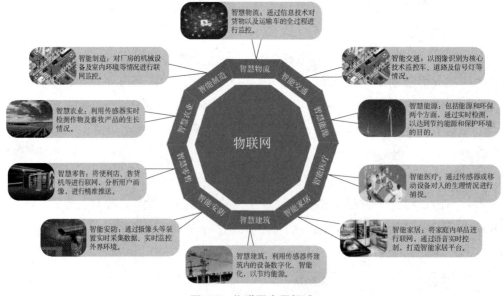

图 2-7 物联网应用领域

1. 智慧物流

智慧物流是指以物联网、大数据、人工智能等信息技术为支撑，在物流的运输、仓储、配送等各个环节实现系统感知、全面分析及处理等功能。当前，智慧物流主要体现在三个方面，即仓储、运输监测及快递终端，通过物联网技术实现对货物的监测及运输车辆的监测，监测包括货物车辆位置、状态、油耗、车速及货物温湿度等。物联网技术的应用大大提高了运输效率，提升整个物流行业的智能化水平。

2. 智能交通

智能交通是物联网技术的重要应用领域之一，利用信息技术将人、车和路紧密地结合起来，改善交通运输环境、保障交通安全及提高资源利用率。在交通行业运用物联网技术具体包括智能公交车、共享单车、车联网、充电桩监测、智能红绿灯及智慧停车等方向。其中，车联网是近些年来各大厂商及互联网企业争相进入的领域。

3. 智能安防

安防是物联网的一大应用领域，因为安全永远都是人们的基本需求之一。传统安防对人员的依赖性比较大，非常耗费人力，而智能安防则能够通过设备实现智能判断。目前，智能安防最核心的部分在于智能安防系统，该系统的主要工作是对拍摄的图像进行传输、存储、分析与处理。一个完整的智能安防系统主要包括三大部分，即门禁、报警和监控，实际应用中主要以视频监控为主。

4. 智慧能源

智慧能源属于智慧城市的一个部分，其对物联网技术的应用主要集中在对水、电、燃气、路灯等系统及井盖、垃圾桶等环保装置的监测，如智慧井盖监测水位及其状态、智能水电表实现远程抄表、智能垃圾桶自动感应等。将物联网技术应用于传统的水、电、光能设备，通过监测，提升利用效率，减少能源损耗。

5. 智能医疗

在智能医疗领域，新技术的应用必须以人为中心。物联网技术是获取数据的主要途径，能有效地帮助医务人员实现对人和物的智能化管理。对人的智能化管理指的是通过传感器对人的生理状态（如心跳频率、体力消耗、血压高低等）进行监测，主要是利用医疗可穿戴设备，将获取的数据记录到电子健康文件中，方便个人或医生查阅。除此之外，通过 RFID 技术还能对医疗设备、物品进行监控与管理，实现医疗设备、用品可视化，主要表现为数字化医院。

6. 智慧建筑

建筑是城市的基石，技术的进步促进了建筑的智能化发展，以物联网等新技术为主的智慧建筑越来越受到人们的关注。当前的智慧建筑主要体现在节能方面，通过设备进行感知、传输并实现远程监控，不仅能够节约能源同时也能减少楼宇运维人员的数量。亿欧智库根据调查，了解到目前智慧建筑主要体现在用电照明、消防监测、智慧电梯、楼宇监测及古建筑领域的白蚁监测等方面。

7. 智能制造

智能制造细分概念的范围很广，涉及很多行业。制造领域的市场体量巨大，是物联网的一个重要应用领域，主要体现在数字化及智能化工厂的改造上，包括工厂机械设备监控和工厂的环境监控。通过在设备上加装相应的传感器，使设备厂商可以远程并随时地对设备进行监控、升级和维护等操作，更好地了解产品的使用状况，完成产品全生命周期的信息收集，指导产品设计和售后服务。厂房的环境监控主要是采集温湿度、烟感等信息。

8. 智能家居

智能家居是指使用不同的方法和设备，来提高人们的生活能力，使家庭变得更舒适、安全和高效。物联网技术应用于智能家居领域，能够对家居类产品的位置、状态、变化进行监测，分析其变化特征，同时根据人的需要，在一定的程度上进行反馈。智能家居行业发展主要分为三个阶段，即单品连接、物物联动和平台集成。其发展的方向，首先是连接智能家居单品，随后是不同单品之间的联动，最后向智能家居系统平台发展。当前，各个智能家居类企业正处在从单品向物物联动的过渡阶段。

9. 智能零售

行业内将零售按照距离分为了三种不同的形式，即远场零售、中场零售、近场零售，三者分别以电商、商场/超市和便利店/自动售货机为代表。物联网技术可以用于近场和中场零售，且主要应用于近场零售，即无人便利店和自动（无人）售货机。智能零售通过将传统的售货机和便利店进行数字化升级、改造，打造无人零售模式。通过数据分析，并充分运用门店内的客流和活动，为用户提供更好的服务，给商家带来更高的经营收入。

10. 智慧农业

智慧农业是将物联网、人工智能、大数据等现代信息技术与农业进行深度融合，实现农业生产全过程的信息感知、精准管理和智能控制的一种全新的农业生产方式，可实现农业可视化诊断、远程控制及灾害预警等功能。物联网应用于农业主要体现在两个方面，即农业种植和畜牧养殖。

农业种植通过传感器、摄像头和卫星等收集数据，实现农作物管理的数字化和机械装备的数字化（主要指的是农机车联网）。畜牧养殖方面则利用传统的耳标、可穿戴设备及摄像头等收集畜禽产品的数据，通过对收集到的数据进行分析，运用算法判断畜禽产品的健康状况、喂养情况、位置信息及发情期预测等，对其进行精准管理。

以上总结了物联网的十大应用行业，在这十大行业中，采用物联网技术的主要作用就是为了获取数据，而后可根据获取的数据运用云计算、边缘计算及人工智能等技术进行处理，帮助人们更好地进行管理和决策。物联网等相关技术作为数据获取的主要方式，在未来的发展中至关重要。物联网是一个大的产业，涉及方方面面。面对新一轮的科技革命和产业革命，物联网正孕育着巨大的潜能，物联网产业是极具发展前景的产业。

2.3　大数据与云计算技术概述

大数据具有大量、高速、多样和价值的特点。大数据指规模庞大的、高增长率及多样化的海量数据信息。其信息量大到不能利用传统的 IT 技术来对其数据进行分析或有针对性地过滤，需要新硬件基础、软件技术和处理模式才能应对。大数据离不开云计算，云计算为大数据提供了弹性的可拓展的基础设备，是产生和处理大数据的平台之一。自 2013 年开始，大数据技术已开始和云计算技术紧密结合，预计未来两者的关系将更为密切。

2.3.1　大数据技术概述

1. 大数据时代已经到来

数据，已经渗透到当今每个行业和每个业务职能领域，成为重要的生产因素。人们对于海量数据的挖掘和运用，预示着新一波生产率增长和消费者盈余浪潮的到来。它不仅使世界充斥着比以往更多的信息，而且其增长速度也在加快。互联网（社交、搜索、电商）、移动互联网（微博）、物联网（传感器）、车联网、GPS、医学影像、安全监控、金融（银行、股市、保险）、电信（通话、短信）都在疯狂地产生着数据。互联网数据产生示例如图 2-8 所示。

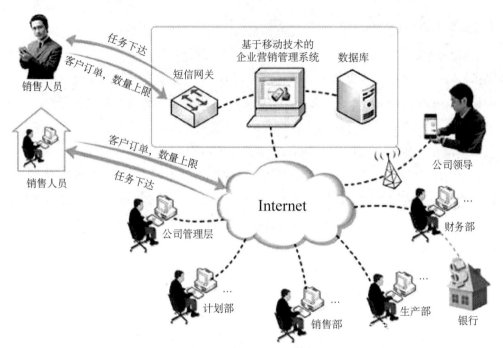

图 2-8　互联网数据产生示例

在全世界范围内，以电子方式存储的数据（又简称为电子数据）总量空前巨大，2004 年，全球电子数据总量只有 30EB，2005 年达到了 50EB，2006 年达到了 161EB，到 2011 年已达 1.8ZB（1ZB=1024EB），较 2010 年同期增加了 1ZB，统计结果表明，人类产生的数据量呈指数级增长，每经过 2 年就可以增加 1 倍。全球电子数据总量的发展及趋势预测图如图 2-9 所示。面对数据增长速度的迅猛提升，数据量的飞速增加，对大量电子数据的高效存储、高效传输与快速处理是必须面对的问题。

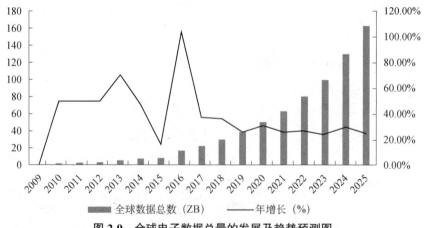

图 2-9　全球电子数据总量的发展及趋势预测图

为什么全球数据量增长如此之快？主要原因是数据产生方式的改变。历史上，数据基本上是通过手工产生的。随着人类步入信息社会，数据产生越来越自动化。比如在精细农业中，需要采集植物生长环境的温度、湿度、病虫害等信息，对植物的生长进行精细控制。因此，我们在植物的生长环境中安装各种各样的传感器，自动地收集相关信息。对环境的感知，是一种抽样的手段，抽样密度越高，越逼近真实情形。如今，人类不再满足于获得部分信息，而是倾向于收集对象的全量信息，即将我们周围的一切数据化。因为有些数据如果丢失了很小一部分，都有可能得出错误的结论。比如通过分析人的基因组判断某人可能患有某种疾病，即使丢失一小块基因片段，都有可能导致错误的结论。为了达到这个目的，传感器的使用量暴增。目前全球有约1000亿个传感器，这些传感器24小时都在产生数据，这就导致了信息爆炸。

2. 大数据的发展历程

在大数据的整个发展过程当中，我们按照进程将它分为4个阶段，分别是萌芽阶段、突破阶段、成熟阶段、应用阶段。

1）大数据的萌芽阶段（1980—2008年）

1980年，美国著名未来学家阿尔文·托夫勒在《第三次浪潮》一书中提到了"大数据"一词，书中将"大数据"称为"第三次浪潮的华彩乐章"。20世纪末是大数据的萌芽期，处于数据挖掘技术阶段。随着数据挖掘理论和数据库技术的成熟，一些商业智能工具和知识管理技术开始被应用。2008年9月，《自然》杂志推出了名为"大数据"的专栏。

2）大数据的突破阶段（2009—2011年）

2009—2010年，"大数据"成为互联网行业中的热门词汇。"大数据时代已经到来"出现在2011年6月麦肯锡发布的关于"大数据"的报告中，同时大数据的概念被正式定义，后逐渐受到了各行各业的关注。这个阶段非结构化的数据大量出现，传统的数据库处理难以应对，这个阶段也称非结构化数据阶段。

3）大数据的成熟阶段（2012—2016年）

随着2012年《大数据时代》一书的出版，"大数据"乘着互联网的浪潮在各行各业中扮演了举足轻重的角色。大数据一词越来越多地被提及，它已经上过《纽约时报》《华尔街日报》的专栏封面，现身国内有关互联网主题的沙龙讲座中，甚至被嗅觉灵敏的国金证券、银河证券等企业写进了投资推荐报告。2013年大数据技术开始向商业、科技、医疗、政府、教育、经济、交通、物流及社会的众多领域渗透，因此2013年也被称为大数据元年，大数据时代悄然开启。

4）大数据的应用阶段（2017—2022年）

从2017年开始，大数据已经渗透到人们生活的方方面面，在政策、法规、技术、应用等多重因素的推动下，大数据行业迎来了发展的爆发期。全国至少已有13个省成立了21家大数据管理机构，同时大数据也成为高校的热门专业，申报数据科学与大数据技术本科专业的学校达到 293 所。

虽然大数据从萌芽到实际应用经历了近 40 年，但是大数据的核心应用技术真正成形只有不到 15 年时间。图 2-10 展示了大数据相关核心技术的发展历程。

3. 大数据的相关概念

大数据（Bigdata），或称巨量资料，是指所涉及的资料量规模巨大到无法通过目前主流软件工具，在合理时间内达到撷取、管理、处理并整理成为帮助企业经营决策的资讯。大数据对象既可能是实际的、有限的数据集合，如某个政府部门或企业掌握的数据库，也可能是虚拟的、无限的数据集合，如微博、微信、社交网络上的全部信息。大数据是需要新处理模式才能具有更强的决策力、洞察发现力和流程优化能力的海量、高增长率和多样化的信息资产。从数据的类别上看，"大数据"指的是无法使用传统流程或工具处理或分析的信息。它定义了那些超出正常处理范围和大小、迫使用户采用非传统处理方法的数据集。

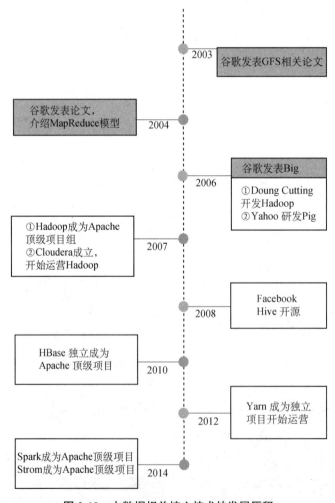

图 2-10 大数据相关核心技术的发展历程

大数据技术，是指从各种各样类型的大数据中，快速获得有价值信息的技术，包括数据采集、存储、管理、分析挖掘、可视化等技术及其集成。适用于大数据的技术，包括大规模并行处理（MPP）数据库、数据挖掘电网、分布式文件系统、分布式数据库、云计算平台、互联网和可扩展的存储系统。

大数据应用，是指对特定的大数据集合，集成应用大数据技术，获得有价值信息的行为。对于不同领域、不同企业的不同业务，甚至同一领域不同企业的相同业务来说，由于其业务需求、数据集合和分析挖掘目标存在差异，所运用的大数据技术和大数据信息系统也可能有着相当大的不同。惟有坚持"对象、技术、应用"三位一体同步发展，才能充分实现大数据的价值。

4. 大数据的类型

大数据大致可分为以下三类：

（1）传统企业数据（Traditional enterprise data）：包括 CRM systems 的消费者数据、传统的 ERP 数据、库存数据及账目数据等。

（2）机器和传感器数据（Machine-generated /sensor data）：包括呼叫记录（Call Detail Records）、智能仪表数据、工业设备传感器数据、设备日志（通常是 Digital exhaust）、交易数据等。

（3）社交数据（Social data）：包括用户行为记录、反馈数据等。

5. 大数据的特征

常用 4 个 V（Volume、Variety、Value、Velocity）来概括大数据的特征。

Volume：指的是数据体量巨大，从 TB 量级跃升到 PB 量级（1PB=1024TB）、EB 量级（1EB=1024PB），甚至达到 ZB 量级（1ZB=1024EB）。截至目前，人类生产的所有印刷材料的数据量是 200PB，而历史上全人类说过的所有话的数据量大约是 5EB。当前，典型个人计算机硬盘的容量为 TB 量级，而一些大企业的数据量已经接近 EB 量级。

例如，在交通领域，某市交通智能化分析平台中的数据来自路网摄像头/传感器、公交车、轨道交通工具、出租车及省际客运车辆、化学和危险品运输车辆等，还有来自问卷调查和地理信息系统的数据。4 万辆车每天产生 2000 万条记录，交通卡刷记录每天 1900 万条，手机定位数据每天 1800 万条，出租车运营数据每天 100 万条，电子停车收费系统数据每天 50 万条，定期调查覆盖 8 万户家庭等，这些数据在体量上就达到了大数据的规模。

而在这些数据中，增长最快的是非结构化数据，非结构化数据占总数据量的 80%～90%，比结构化数据增长快 10 倍到 50 倍，是传统数据库的 10 倍到 50 倍。

Variety：指的是数据类型繁多。类型多样性也将数据被分为结构化数据和非结构化数据。相对于以往便于存储的以文本为主的结构化数据，非结构化数据越来越多，包括网络日志、音频、视频、图片、地理位置信息等。类型的多样性对数据的处理能力提出了更高要求。

Value：指的是数据的价值密度低。价值密度的高低与数据总量的大小成反比。以视频为例，一部1小时的视频，在连续不间断的监控中，有用数据可能仅有1～2秒。如何通过强大的机器算法更迅速地完成数据的价值"提纯"成为目前大数据背景下亟待解决的难题。当然把数据集成在一起并完成"提纯"是能实现1+1大于2的效果的，这也正是大数据技术的核心价值之一。

Velocity：指的是处理速度快。这是大数据区分于传统数据挖掘的最显著特征。面对海量的数据，处理数据的效率就是企业的生命。

2.3.2　云计算技术概述

云计算是处理大数据的技术基础，没有云计算，就无法真正满足大数据的处理要求。

事实上，云计算（Cloud Computing）比大数据"成名"要早。2006年8月9日，谷歌首席执行官埃里克·施密特在搜索引擎大会上首次提出了云计算的概念，他同时指出谷歌自1998年创办以来，就一直采用这种新型的计算方式。

1. 云计算的产生

了解云计算，我们需要从工业时代说起。在工业时代初期，电力是所有行业运作、生产的前提，当时工厂不得不自己配备发电机，甚至是建设发电厂来确保电力供应。19世纪初期工厂里的发电机如图2-11所示。

后来，一些发电厂兴起，开始通过发电厂集中发电、通过电网远距离供电。工厂也不再自己建设发电厂，只需从发电厂那里购买，插上插头就可以获得供电。如今，电力已经普及，成为人们日常生产、生活的基本需求。

人类进入信息时代，随着计算机和通信技术的发展，信息处理能力可以远距离传播到世界各地，人们开始思考一个问题：计算机资源能不能像水电等公共资源一样来使用呢？

这就是云计算的终极目标——将计算、服务和应用作为一种公共设施提供给公众，让人们像使用水、电、气那样通过网络使用计算机资源。

图 2-11   19 世纪初期工厂里的发电机

云计算之所以能够出现并得到发展，与我们进入了无处不网、无时不网的时代——泛在互联时代（见图 2-12）有着密不可分的关系。

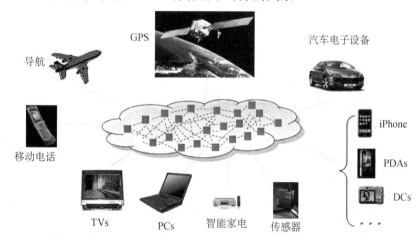

图 2-12   泛在互联时代

一家企业计划进行信息化改造，以更好地管理和存储企业运营的数据，在改造过程中需要购置和开发库存管理、采购进货管理、销售管理、财务管理、人力资源管理、生产管理等系统。一台普通电脑的运算能力根本无法满足需求，所以这家企业需要配置一台运算能力更强大的电脑——服务器。但对于大型企业而言，几台服务器显然也无法满足需求，比如 Google 最少有一百万台服务器。怎么办？那就建设一个数据中心，其机房如图 2-13 所示。

图 2-13　数据中心机房

但是，一家企业要管理一个数据中心是需要很大成本的。以电力成本为例，在数据中心机房中，可看到一望无际的机架上摆满了服务器，服务器的数量多少决定了这个数据中心的业务处理能力，但这样巨量的服务器设备同时运转相当耗能，大型数据中心消耗的电量几乎等同于一座小城市日常耗电。

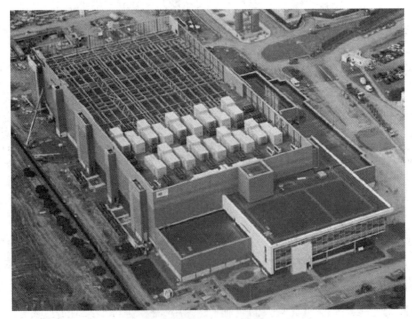

图 2-14　大型数据中心外部图

除了高额的初期建设成本，以 15 年寿命的数据中心机房为例，后续将会有

75%的营运支出花费在电费上，相当于当初投资成本的 3 到 5 倍。大量的服务器与存储设备会产生大量的热能，为了散热，数据中心机房电费的 45%用在空调设备上。

除此之外，有了基础硬件设备，企业还需要进一步配置服务器专用操作系统、应用软件、企业管理系统（ERP）、维护的专业人员等软件和人员。

如果能将机房设备维护、管理与软体升级交给专人处理，根据自身的需求租借空间与服务，像水电一样，随时按需使用计算、服务和应用等资源，可以节约大量的成本，于是就诞生了云计算。

2. 云计算的概念

云计算的概念自提出之日起就一直处于不断的发展变化中，很多机构和学者对云计算进行了解读，但没有形成公认的定义。本书列出几个典型的定义，使学习者从多个角度了解云计算的含义。

（1）维基百科给出的定义：云计算是一种基于互联网的计算方式，通过这种方式，共享的软硬件资源和信息可以按需求提供给计算机和其他设备。云计算描述了一种基于互联网的新的 IT 服务增加、使用和交付模式，通常涉及通过互联网来提供动态易扩展且经常是虚拟化的资源。

（2）百度百科给出的定义：云计算是分布式计算技术的一种，其最基本的概念是通过网络将庞大的计算处理程序自动分拆成无数个较小的子程序，再交由多部服务器所组成的庞大系统，经搜寻、计算分析之后将处理结果回传给用户。通过这项技术，网络服务提供者可以在数秒之内，处理数以千万计甚至亿计的信息，达到和"超级计算机"同样强大效能的网络服务。

（3）IBM 给出的定义：云计算是一种革新的信息技术与商业服务的消费与交付模式。在这种模式中，用户可以采用按需的自助模式，通过访问无处不在的网络获得任何地方资源池中被快速分配的资源，并按实际使用情况进行付费。

（4）Salesforce.com 给出的定义：云计算就是一种更友好的业务运行模式，在这种模式中，用户的应用程序运行在共享的数据中心，用户只需要通过登录和个性化定制就可以使用这些数据中心的应用程序。

（5）美国国家标准与技术研究院（National Institute of Standards and Technology，NST）给出的定义：云计算是一种无处不在、便捷且按需对一个共享的可配置计算资源（包括网络、服务器、存储、应用和服务）进行网络访问的模式，它能够通过最少量的管理及与服务提供商的互动实现计算资源的迅速供给和释放。该定义是目前较为公认的云计算的定义。

"云"是一些可以自我维护和管理的虚拟计算资源，通常是一些大型服务器集群，包括计算服务器、存储服务器和宽带资源等。云计算将计算资源集中起来，并通过专门软件实现自动管理，无须人为参与。用户可以动态申请部分资源，支持各种应用程序的运转，无须为烦琐的细节而烦恼，能够更加专注于自己的业务，有利于提高效率、降低成本和技术创新。云计算的核心理念是资源池，这与早在2002年就提出的网格计算池（Computing Pool）的概念非常相似。网格计算池将计算和存储资源虚拟为一个可以任意组合和分配的集合，池的规模可以动态扩展，分配给用户的处理能力可以动态回收重用。这种模式能够大大提高资源的利用率，提升平台的服务质量。

之所以称为"云"，是因为它在某些方面具有现实中云的特征：云一般都较大；云的规模可以动态伸缩，它的边界是模糊的；云在空中飘忽不定，无法也无须确定它的具体位置，但它确实存在于某处。之所以称为"云"，还因为云计算的鼻祖之一亚马逊公司为网格计算池取了一个新名称"弹性计算云"（Elastic Computing Cloud），并取得了商业上的成功。

有人将这种模式比喻为从单台发电机供电模式转向了电厂集中供电的模式。它意味着计算能力也可以作为一种商品进行流通，就像煤气、水和电一样，取用方便，费用低廉。最大的不同在于，它是通过互联网进行传输的。

云计算是并行计算（Parallel Computing）、分布式计算（Distributed Computing）和网格计算（Grid Computing）的发展，或者说是这些计算科学概念的商业实现。云计算是虚拟化（Virtualization）、效用计算（Utility Computing）、面向服务的架构（Service-Oriented Architecture，SOA）等概念混合演进并跃升的结果。

3. 云计算的特点

从研究现状上看，云计算具有以下特点。

（1）计算资源集成提高设备计算能力。云计算把大量计算资源集中到一个公共资源池中，通过多主租用的方式共享计算资源。虽然单个用户在云计算平台获得的服务水平受到网络带宽等因素影响，未必获得优于本地主机所提供的服务，但是从整个社会资源的角度，整体资源调控降低了部分地区峰值荷载，提高了部分荒废的主机的运行率，从而提高资源利用率。

（2）分布式数据中心保证了系统的容灾能力。分布式数据中心可将云端的用户信息备份到地理上相互隔离的数据库主机中，甚至用户自己也无法判断信息的确切备份地点。该特点不仅仅提供了数据恢复的依据，也使得网络病毒和网络黑客的攻击失去目的性而变成徒劳，大大提高了系统的安全性和容灾能力。

（3）软硬件相互隔离减少设备依赖性。虚拟化层将云平台上方的应用软件和下方的基础设备隔离开来。设备的维护者无法看到设备中运行的具体应用。同时对软件层的用户而言基础设备层是透明的，用户只能看到虚拟化层中虚拟出来的各类设备。这种架构减少了对设备的依赖性，也为动态的资源配置提供可能。

（4）平台模块化设计体现了高可扩展性。目前主流的云计算平台均根据 SPI 架构在各层集成功能各异的软硬件设备和中间件软件。大量中间件软件和设备提供针对该平台的通用接口，允许用户添加本层的扩展设备。部分云与云之间提供对应接口，允许用户在不同云之间进行数据迁移。类似功能更大程度地满足了用户需求，集成了计算资源，是未来云计算的发展方向之一。

（5）虚拟资源池为用户提供弹性服务。云平台管理软件将整合的计算资源根据应用访问的具体情况进行动态调整，包括增大或减少资源的要求。因此，云计算对于在非恒定需求的应用，如对需求波动很大、阶段性需求等，具有非常好的应用效果。在云计算环境中，既可以对规律性需求通过预测进行事先分配，也可根据事先设定的规则进行实时公开调整。弹性的云服务可帮助用户在任意时间得到满足需求的计算资源。

（6）按需付费降低使用成本。按需提供服务、按需付费是目前各类云计算服务主要运行模式。对用户而言，云计算不但省去了基础设备的购置和运维费用，而且能根据企业成长的需要不断扩展订购的服务，不断更换更加适合的服务，提高了资金的利用率。

4. 云计算的服务分类

云计算按照服务类型大致可以分为三类：基础设施即服务（Infrastructure as a Service，IaaS）、平台即服务（Platform as a Service，PaaS）和将软件即服务（Software as a Service，SaaS），如图 2-15 所示。

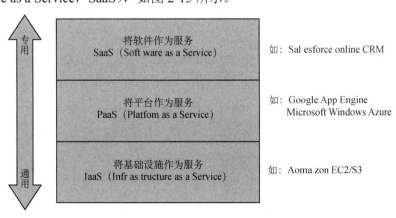

图 2-15 云计算的服务类型

IaaS 将硬件设备等基础资源封装成服务供用户使用，如亚马孙云计算 AWS（Amazon Web Services）的弹性计算云 EC2 和简单存储服务 S3。在 IaaS 环境中，用户相当于在使用裸机和磁盘，既可以让它运行 Windows，也可以让它运行 Linux，因而几乎可以做任何想做的事情，但用户必须考虑如何才能让多台机器协同工作。AWS 提供了在节点之间互通消息的接口简单队列服务 SQS（Simple Queue Service）。IaaS 最大的优势在于它允许用户动态申请或释放节点，按使用量计费。运行 IaaS 的服务器规模达到几十万台之多，因而可以认为用户能够申请的资源几乎是无限的。同时，IaaS 是由公众共享的，因而具有更高的资源使用效率。

PaaS 对资源的抽象层次更进一步，它提供用户应用程序的运行环境，典型的如 Google App Engine。微软的云计算操作系统 Microsoft Windows Azure 也可大致归入这一类。PaaS 自身负责资源的动态扩展和容错管理，用户应用程序不必过多考虑节点间的配合问题。但与此同时，用户的自主权降低，必须使用特定的编程环境并遵照特定的编程模型。这有点像在高性能集群计算机里进行 MPI 编程，只适用于解决某些特定的计算问题。例如，Google App Engine 只允许使用 Python 和 Java 语言、基于 Django 的 Web 应用框架、调用 Google App Engine SDK 来开发在线应用服务。

SaaS 的针对性更强，它将某些特定应用软件功能封装成服务，如 Salesforce 公司提供的在线客户关系管理 CRM（Client Relationship Management）服务。SaaS 既不像 PaaS 那样提供计算或存储资源类型的服务，也不像 IaaS 那样提供运行用户自定义应用程序的环境，它只提供某些专门用途的服务供用户调用。

2.4 人工智能概述

60 多年来，人工智能取得很大发展，引起众多学科不同专业背景学者们的重视，成为一门广泛交叉的前沿科学。计算机技术的发展已能够存储极其大量的信息，进行快速信息处理，推动了人工智能技术的发展和应用。人类智能伴随着人类活动时时处处存在，如下棋、竞技解题、游戏、规划和编程，甚至驾车和骑车都需要"智能"。如果机器能够执行这些任务，就可以认为机器已具有某种性质的"人工智能"。尽管不同科学或学科背景的学者对人工智能有不同的理解，但人工智能是模仿人的智能行为这点是大家的共识，所以首先了解人类有哪些智能，才能更好地理解人工智能的相关理论、方法和技术的特点。

1. 人的基本智能

人有哪些基本智能呢？美国哈佛大学心理学教授霍华德·加德纳通过研究，认为人的基本智能可分为八种类型，即语言智能、逻辑数理智能、音乐智能、空间智能、运动智能、人际关系智能、自省智能和自然观察者智能。从大脑的活动方式来看，人类的基本智能有记忆能力、计算能力、学习能力和推理能力，如图 2-16 所示。

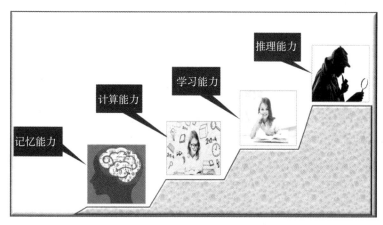

图 2-16　人的基本智能

人的一些智能是基本智能综合的结果，那么人有哪些综合智能？常见的听觉、视觉和运动控制就是一种综合智能，它们帮助人类感知外界环境并能做出相应的反应。

听觉能力是一种基于听觉器官（耳朵）感知的，并经记忆、推理等综合作用而产生的声音辨识能力，如图 2-17 所示。

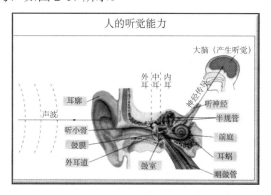

图 2-17　人的听觉能力

视觉能力是基于视觉器官（眼睛）感知的，并经记忆、推理综合而产生的认知能力，如图 2-18 所示。视觉是人最重要的综合智能，研究表明人对外部的感知 80% 来自视觉。

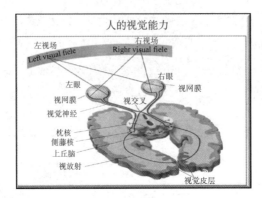

图 2-18 人的视觉能力

运动控制能力是人从听觉、视觉、触觉感知后并经大脑推理而控制肢体产生期望的运动的能力，如图 2-19 所示。运动控制是人重要的综合智能，它是人经听觉、视觉、触觉感知后对外部的自主反应行为。

图 2-19 人的运动控制能力

2. 什么是人工智能

搞清楚了人有哪些智能后，就可以为人工智能下定义：人工智能（Artificial Intelligence，AI）是研究、开发用于模拟、延伸和扩展人的智能的理论、方法、技术及应用系统的一门新的技术科学。人工智能是人的视觉、听觉、运动控制等综合智能的一种模仿，如图 2-20 所示。

人工智能对人的记忆能力（存储器）和计算能力（运算器）的模拟产生了"计算机技术"，对人的视觉与推理能力的模拟产生了"机器视觉技术"，对人的听觉与推理能力的模拟产生了"语音识别与自然语言处理技术"，对人的运动与控制能力的模拟产生了"机器人技术"。

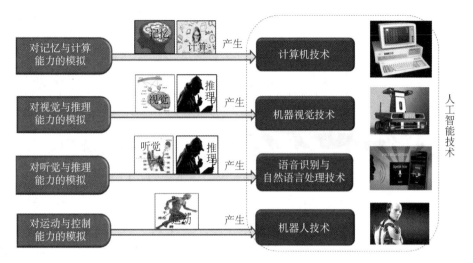

图 2-20　对人的智能的模拟产生的人工智能技术

2.4.1　人工智能的发展概况

1. 人工智能的起源

人类对智能问题的关注和探索，可以追溯到 2000 多年前的中国先人和古希腊人，他们把"心"看作"思维的器官"。从严格的科学意义上说，AI 的起源来自英国数学家阿兰·图灵的一篇论文《机器能思考吗》。它被认为是人工智能的开篇之作，在这篇论文中图灵提出了著名"Turing Test"方法，如图 2-21 所示。简单地说，就是一位测试者分别与一台计算机和人进行交谈，而测试者事先并不知道哪一个被测者是人，哪一个是计算机，如果交谈后测试者分不出哪一个被测者是人，哪一个是计算机，则可以认为这台计算机具有智能。

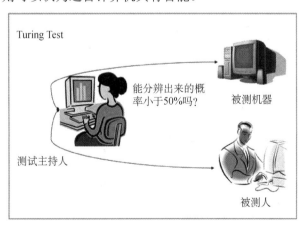

图 2-21　图灵测试

2. 人工智能概念的诞生

人工智能概念的诞生是在 1956 年的 Dartmouth 会议（会议上的专家们见图 2-22）上，它从一开始就是交叉学科的产物。与会者有数学家、逻辑学家、认知学家、心理学家、神经生理学家和计算机科学家。在 Dartmouth 会议上，Marvin Minsky 的神经网络模拟器、John McCarthy 的搜索法，以及 Herbert Simon 和 Allen Newell 的定理证明器是 3 大亮点。与会者分别讨论了如何穿过迷宫、如何搜索推理、如何证明数学定理。会上首次使用了"人工智能"这一术语，这些学者（还包括 Oliver Selfridge、Claude、Samuel）后来绝大多数都成为著名的人工智能专家。这次会议虽然对机器智能没有达成统一的认识，但与会者正式提出了人工智能的概念，并把这股思潮带到了后来的学术研究中，奠定了 AI 发展的学术基础，催生了足以代表第四次工业革命的人工智能革命。所以说 Dartmouth 会议在人工智能的发展进程中具有划时代的意义。

图 2-22　Dartmouth 会议上的专家们

3. 人工智能的发展历程

人工智能发展的简历如图 2-23 所示。人工智能充满未知的探索道路曲折起伏，如何描述人工智能自 1956 年以来 60 余年的发展历程，学术界可谓仁者见仁、智者见智。我们将人工智能的发展历程划分为以下 6 个阶段（见图 2-24）。

一是起步发展期：1956 年—20 世纪 60 年代初。人工智能概念被提出后，相继取得了一批令人瞩目的研究成果，如机器定理证明、跳棋程序等，掀起人工智能发展的第一个高潮。

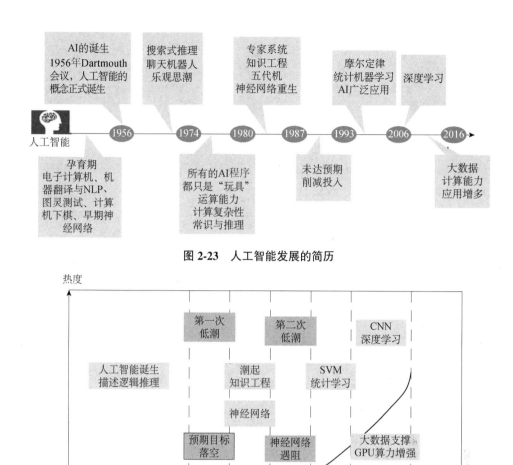

图 2-23 人工智能发展的简历

图 2-24 人工智能的发展历程

二是反思发展期：20 世纪 60 年代—20 世纪 70 年代初。人工智能发展初期的突破性进展大大提升了人们对人工智能的期望，人们开始尝试更具挑战性的任务，并提出了一些不切实际的研发目标。然而，接二连三的失败和预期目标的落空（例如，无法用机器证明两个连续函数之和还是连续函数、机器翻译闹出笑话等），使人工智能的发展步入低谷。

三是应用发展期：20 世纪 70 年代初—20 世纪 80 年代中期。20 世纪 70 年代出现的专家系统能够模拟人类专家的知识和经验解决特定领域的问题，实现了人工智能从理论研究走向实际应用、从一般推理与策略探讨转向运用专门知识的重大突破。专家系统在医疗、化学、地质等领域的应用取得成功，推动了人工智能步入应用发展的新高潮。

四是低迷发展期：20 世纪 80 年代中期—20 世纪 90 年代中期。随着人工智能的应用规模不断扩大，专家系统的应用领域狭窄、缺乏常识性知识、知识获取困难、推理方法单一、缺乏分布式功能、难以与现有数据库兼容等问题逐渐暴露出来。

五是稳步发展期：20 世纪 90 年代中期—2010 年。由于网络技术特别是互联网技术的发展，加速了人工智能的创新研究，促使人工智能技术进一步走向实用化。1997 年国际商业机器公司研制的深蓝超级计算机战胜了国际象棋世界冠军卡斯帕罗夫，2008 年国际商业机器公司又提出"智慧地球"的概念。以上都是这一时期的标志性事件。

六是蓬勃发展期：2011 年至今。随着大数据、云计算、互联网、物联网等信息技术的发展，泛在感知数据和图形处理器等计算平台推动了以深度神经网络为代表的人工智能技术飞速发展，大幅跨越了科学与应用之间的"技术鸿沟"，诸如图像分类、语音识别、知识问答、人机对弈、无人驾驶等人工智能技术实现了从"不能用、不好用"到"可以用"的技术突破，迎来爆发式增长的新高潮。

4. 人工智能发展的现状

对于人工智能的发展现状，人们在认识上存在一些"误区"。比如说，认为人工智能系统的智能水平即将全面超越人类水平、30 年内机器人将统治世界、人类将成为人工智能的奴隶等。这些错误的认识会给人工智能的发展带来不利影响。因此，制定人工智能发展的战略、方针和政策，首先要准确把握人工智能技术和产业发展的现状。

从可应用性看，人工智能大体可分为专用人工智能和通用人工智能。面向特定任务（比如下围棋）的专用人工智能系统由于任务单一、需求明确、应用边界清晰、领域知识丰富、建模相对简单，形成了人工智能领域的单点突破，在局部智能水平的单项测试中可以超越人类智能。人工智能的近期进展主要集中在专用智能领域，例如，阿尔法狗（AlphaGo）在围棋比赛中战胜人类冠军，人工智能程序在大规模图像识别和人脸识别中达到了超越人类的水平，人工智能系统诊断皮肤癌达到专业医生水平。

通用人工智能技术尚处于起步阶段。人的大脑是一个通用的智能系统，能举一反三、融会贯通，可处理视觉、听觉、判断、推理、学习、思考、规划、设计等各类问题，可谓"一脑万用"。真正意义上完备的人工智能系统应该是一个通用的智能系统。目前，虽然专用人工智能领域已取得突破性进展，但是通用人工智能领域的研究与应用仍然任重而道远，人工智能总体发展水平仍处于起步阶段。当前的人工智能系统在信息感知、机器学习等"浅层智能"方面进步显著，但是在概念抽象和推理决策等"深层智能"方面的能力还很薄弱。总体上看，目前的人工智能系统可谓有智能没智慧、有智商没情商、会计算不会"算计"、有专才而无通才。因此，人工智能依旧存在明显的局限性，依然还有很多"不能"，与人类智慧还相差甚远。促使人工智能蓬勃发展的技术如图 2-25 所示。

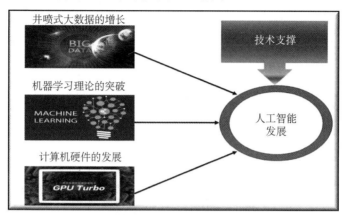

图 2-25　促使人工智能蓬勃发展的技术

尽管人工智能目前还处于初级阶段，但人工智能领域的创新创业如火如荼。全球产业界充分认识到人工智能技术引领新一轮产业变革的重大意义，纷纷调整发展战略。比如，谷歌在其 2017 年年度开发者大会上明确提出发展战略从"移动优先"转向"人工智能优先"，微软 2017 财年年报首次将人工智能作为公司发展愿景。人工智能领域处于创新创业的前沿。麦肯锡公司报告指出，2016 年全球人工智能研发投入超 300 亿美元并处于高速增长阶段；全球知名风投调研机构 CB Insights 报告显示，2017 年全球新成立人工智能创业公司 1100 家，人工智能领域共获得投资 152 亿美元，同比增长 141%。

创新生态布局成为人工智能产业发展的战略高地。信息技术和产业的发展史，就是新老信息产业巨头抢滩布局信息产业创新生态的更替史。例如，传统信息产业的代表企业有微软、英特尔、IBM、甲骨文等，互联网和移动互联网时代信息产业的代表企业有谷歌、苹果、脸书、亚马孙、阿里巴巴、腾讯、百度等。人工智能创新生态包括纵向的数据平台、开源算法、计算芯片、基础软件、图形处理器等技术生态系统和横向的智能制造、智能医疗、智能安防、智能零售、智能家居等商业和应用生态系统。目前，智能科技时代的信息产业格局还没有形成垄断，因此全球科技产业巨头都在积极推动人工智能技术生态的研发布局，全力抢占人工智能相关产业的制高点。

人工智能的社会影响日益凸显。一方面，人工智能作为新一轮科技革命和产业变革的核心力量，正在推动传统产业升级换代，驱动"无人经济"快速发展，在智能交通、智能家居、智能医疗等民生领域产生了积极的正面影响；另一方面，个人信息和隐私保护、人工智能创作内容的知识产权、人工智能系统可能存在的歧视和偏见、无人驾驶系统的交通法规、脑机接口和人机共生的科技伦理等问题已经显现出来，需要快速提供解决方案。

如图 2-26 所示，从专业角度看，促使人工智能蓬勃发展的主要因素有：

（1）以深度学习为代表的 AI 理论的突破，可以使 AI 的可信度达到工程实用标准；

（2）数字化时代大数据的积累，可以为 AI 学习训练提供海量数据资源；

（3）GPU 为代表的计算硬件的飞速发展，可以满足 AI 学习训练的海量计算。

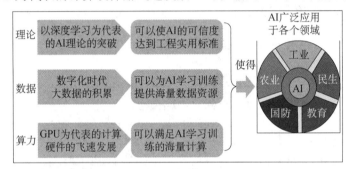

图 2-26　促使人工智能蓬勃发展的主要因素

5. 人工智能发展的未来

AI 是计算机发展的产物，然而现阶段 AI 正在引导着计算机信息处理方式的变化，与传统信息处理方式相比较，有 4 方面的显著变化：

（1）计算机处理的信息由字符信息向图像信息发展，特别是数码摄像技术的飞速发展，使图像信息唾手可得，因此计算机处理的信息很多时候是图像，包括图像分析、图像识别、视频监控等。

（2）计算机语言从形式化语言向自然语言发展，传统上计算机接收指令是采用有规则的形式化语言并通过编程来实现的，而随着语音识别和自然语言处理能力的提高和运用，计算机可以直接接收和响应人的自然语言，实现智能化人机交互。

（3）计算机由机器计算向机器学习发展，计算机代替人进行数据记忆和计算一直是计算机的主要功能，但目前计算机不光能够代替人进行计算，而且已经可以像人一样进行自己学习，提高机器的智能化水平，计算机正在发展成具有学习能力的智能机器。

（4）传统计算机处理数据工作主要包括存储、检索、计算、分析和利用等，而现在面向大数据要进行数据挖掘，提取更有价值的信息加以利用。

1. 计算机处理的信息由字符信息向图像信息发展
   Text →Image
2. 计算机从形式化语言向自然语言发展
   Formal Language→Natural Language
3. 计算机由机器计算向机器学习发展
   Machine Computing →Machine learning
4. 计算机由数据处理向数据挖掘发展
   Data Processing→Data Mining

图 2-27　计算机信息处理方式的变化

这种计算机信息处理方式的变化，将大大促进人工智能的发展。如图 2-28 所示，人工智能发展由低到高的三个阶段是机器感知、机器学习和机器思维，目前人工智能处于机器学习阶段，具备初级推理能力，主要特征表现为对现有事物的认知、判断，而未来的人工智能可以像人一样进行高级推理，并能够进行决策创新。

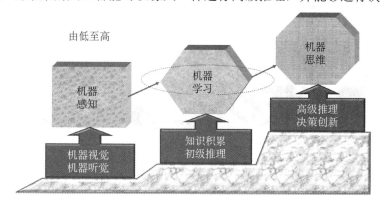

图 2-28　人工智能发展由低向高的三个阶段

6. 国家人工智能的发展战略

人工智能的迅速发展将深刻改变人类生活、改变世界。为抢抓人工智能发展的重大战略机遇，构筑我国人工智能发展的先发优势，加快建设创新型国家和世界科技强国，按照党中央、国务院部署要求，我国制定了新一代人工智能发展规划。

人工智能发展进入新阶段。经过 60 多年的演进，特别是在移动互联网、大数据、超级计算、传感网、脑科学等新理论、新技术及经济社会发展强烈需求的共同驱动下，人工智能加速发展，呈现出深度学习、跨界融合、人机协同、群智开放、自主操控等新特征。大数据驱动知识学习、跨媒体协同处理、人机协同增强智能、群体集成智能、自主智能系统成为人工智能的发展重点。新一代人工智能相关学科发展、理论建模、技术创新、软硬件升级等整体推进，正在引发链式突破，推动经济社会各领域从数字化、网络化向智能化加速跃升。人工智能成为国际竞争的新焦点。人工智能是引领未来的战略性技术，世界主要发达国家都把发展人工智能作为提升国家竞争力、维护国家安全的重大战略，为此，2017 年 7 月国务院印发了《新一代人工智能发展规划》，围绕核心技术、顶尖人才、标准规范等强化部署，力图在新一轮国际科技竞争中掌握主导权。

1）国家人工智能发展规划解读

《新一代人工智能发展规划》主要内容包括人工智能发展水平和相关产业规模的预估，如图 2-29 所示。

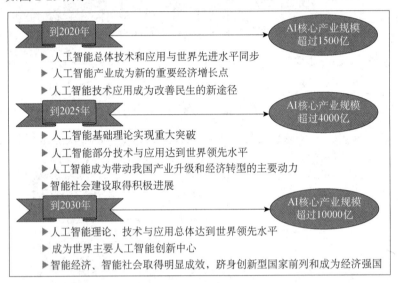

图 2-29　《新一代人工智能发展规划》概要

2）国家人工智能行动目标解读

在《新一代人工智能发展规划》的基础上，工业和信息化部制定了《促进新一代人工智能产业发展三年行动计划（2018—2020 年）》（以下简称 《行动计划》），其主要内容包括：

（1）人工智能重点产品规模化发展，智能网联汽车技术水平大幅提升，智能服务机器人实现规模化应用，智能无人机等产品具有较强全球竞争力，医疗影像辅助诊断系统等扩大临床应用，视频图像识别、智能语音、智能翻译等产品达到国际先进水平。

（2）②人工智能整体核心基础能力显著增强，智能传感器技术产品实现突破，设计、代工、封测技术达到国际水平，神经网络芯片实现量产，并在重点领域实现规模化应用，开源开发平台初步具备支撑产业快速发展的能力。

（3）智能制造深化发展，复杂环境识别、新型人机交互等人工智能技术在关键技术装备中加快集成应用，智能化生产、大规模个性化定制、预测性维护等新模式的应用水平明显提升，重点工业领域智能化水平显著提高。

（4）人工智能产业支撑体系基本建立，建成并开发一定规模的高质量标准数据资源库、标准测试数据集，人工智能标准体系、测试评估体系及安全保障体系框架初步建立，智能化网络基础设施体系逐步形成，产业发展环境更加完善。

我们可以把《行动计划》解读成：核心基础、支撑体系、智能制造和智能产品四大模块，各模块的内涵如图2-30所示。

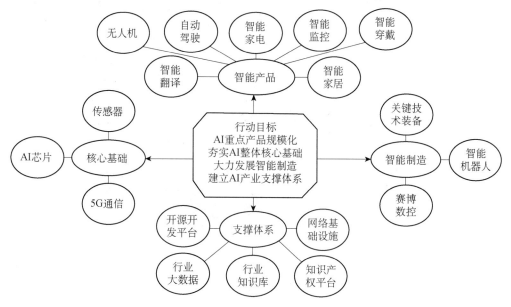

图2-30　《行动计划》的四大模块及内涵

2.4.2　人工智能的内涵

1. 人工智能的定义

人工智能是一个内涵和外延都很丰富的概念，在工程上也有不同的定义，这里给出部分典型的定义。

定义1：AI是研究、开发用于模拟、延伸和扩展人的智能的理论、方法、技术及应用系统的一门新的技术科学。（经典）

定义2：AI是智能机器所执行的通常与人类智能有关的智能行为，如感知、判断、推理、证明、识别、理解、思考、规划、学习和决策等思维活动。

定义3：AI是像人一样思考、像人一样行动、像人一样适应环境的智能机器系统。

通过不同的定义可以让我们更好地理解人工智能的内涵。

2. 人工智能的研究内容

人工智能研究的主要内容包括以下几点。

（1）人类智能的表达模式：认知建模、知识表示、知识推理是对人类智能模式的一种抽象。

（2）人类智能的模拟实现：机器感知、机器学习、机器推理、机器行为则是对人类智能的一种模拟实现。

（3）构建拟人、类人、超越人的智能系统：通过建模、学习可以在拟人、类人和超越人的不同层次建立起智能系统。

目前，人工智能研究与应用的热点主要包括机器学习、计算机视觉、自然语言处理、模式识别、专家系统、机器人与自动化等领域。

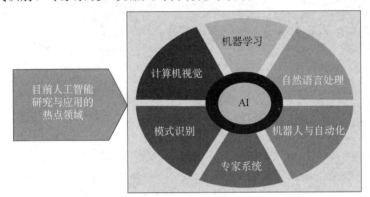

图 2-31　人工智能研究与应用的热点领域

3. 人工智能的主流学派

在人工智能的研究领域，从研究方法和关注的侧重点不同，可以分为三大主流学派，如图 2-32 所示。

（1）符号主义学派：认为 AI 起源于数理逻辑，人类认知和思维的基本单元是符号，而认知过程就是通过符号表示的一种运算。

（2）连接主义学派：认为 AI 起源于仿生学，特别是对人脑模型的研究。从神经生理学和认知科学的研究成果出发，把人的智能归结为人脑的高层活动的结果，强调智能活动是由大量简单的单元通过复杂的相互连接后并行运行的结果。

（3）行为主义学派：基于"感知—行动"的行为智能模拟方法，认为 AI 起源于控制论，行为是有机体用以适应环境变化的各种身体反应的组合，它的理论目标在于预见和控制行为。

三种学派的学术观点都有其各自的优势，比如符号主义注重逻辑推理，采用知识表示形成知识图谱，有认知优势；连接主义的典型代表是神经网络，特别是由此发展起来的深度学习，大大推动了 AI 技术的发展，具有辨识优势；行动主义基于控制论方法直接生产出了机器人，为工业生产服务，提高了制造业的智能化水平，具有操控优势。三种学派的理论与技术互相融合，共同促进了人工智能的发展水平。

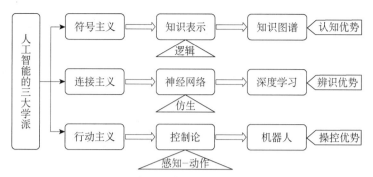

图 2-32　人工智能研究领域的主要学派

4. 机器的感知与记忆

这里所说的机器是指具有计算机功能的电子设备或机器人，机器若有智能，首先要具备对外界的感知能力，并能对感知结果进行记忆，一种是输入式感知（如键盘、鼠标和触屏等），一种是传感式感知，采用声音传感器、视觉传感器、触觉传感器等实现拟人感知，如图 2-33 所示。

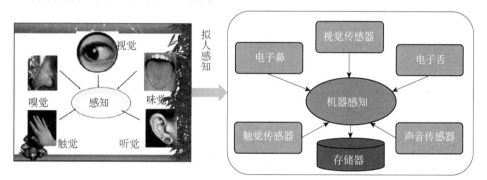

图 2-33　机器的感知与记忆

例如，机器人通过声音、视觉和触觉来感知外部环境，并能够记忆这些信号，在之后的行动中做出适当的响应。图 2-34 所示为具有感知和记忆功能的智能机器人系统。

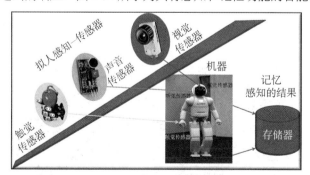

图 2-34　具有感知和记忆功能的智能机器人系统

5. 机器的学习与理解

机器的学习与理解是指机器根据现存的历史数据，利用有效算法进行训练学习，学习的结果将作为建立的模型被记忆保存，同时用于新数据的分析与辨识，是机器推理、决策的基础。

机器学习与人学习的过程比较如图 2-35 所示。

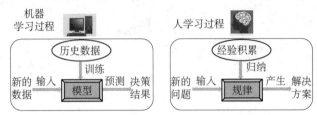

图 2-35　机器学习与人学习的过程比较

6. 机器的推理与决策

机器的推理与决策是指机器在经过样本数据的学习后，建立了有效的模型和知识库，然后就可以根据推理规则对新获取的信息进行分析、判断，并给出预测或决策，如图 2-36 所示。

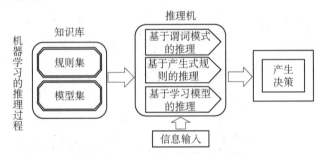

图 2-36　机器学习的推理与决策

2.4.3　人工智能的应用领域

从宏观上看，人工智能应用覆盖了工业、农业、国防、教育和民生等众多领域，如图 2-37 所示。人工智能是以"+AI"的方式全方位地融入人类的生活与生产。

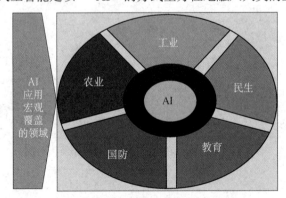

图 2-37　人工智能应用覆盖的领域

人工智能从技术层面看，与其直接相关的领域包括机器学习、计算机视觉、自然语言处理、模式识别、专家系统和机器人及自动化，如图2-38所示。

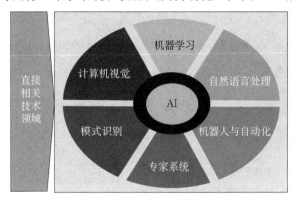

图 2-38　与人工智能相关的技术领域

1. 基于视觉的人工智能的应用

基于视觉的人工智能的应用十分广泛，如生物特征识别是人工智能应用的重要领域，主要包括人脸识别、指纹识别和虹膜识别，如图2-39所示。

图 2-39　人工智能在生物特征识别中的应用

人脸识别：是基于人的脸部特征信息进行身份识别的一种生物识别技术。用摄像机或摄像头采集含有人脸的图像或视频流，并自动在图像中检测和跟踪人脸，进而对检测到的人脸进行相关技术处理，通常也叫作人像识别、面部识别。

指纹识别：是指通过比较不同指纹的细节特征点来进行鉴别的生物识别技术，可用于身份鉴定。该技术拥有识别速度快、采集方便和价格低廉等优点，被广泛应用于图像处理、模式识别、计算机视觉等众多学科领域。

虹膜识别：是通过对比虹膜图像特征之间的相似性来确定人们的身份。该技术主要应用于安防设备（如门禁、手机等），以及有高度保密需求的场所。

目标检测与识别：目标检测的任务是找出图像中所有感兴趣的目标（物体），确定它们的位置和大小。由于各类物体有不同的外观、形状、姿态，加上成像时光照、遮挡等因素的干扰，导致目标检测一直是机器视觉领域最具有挑战性的研究方向之一。现在采用卷积神经网络如 FasterRCNN，已经实现运动目标的实时跟踪检测与识别。如视场中物体的定位检测、识别与跟踪、文字识别等都属于此类，如图 2-40 所示。

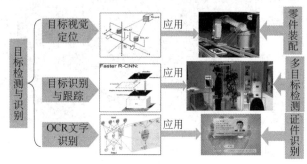

图 2-40　人工智能在目标检测与跟踪中的应用

2. 智能工业机器人

将传统的工业机器人配备上视觉、听觉、触觉等传感器，让机器人具备感知能力，并通过多传感器的反馈实现机器人的自主操控，大大提高了机器人的智能化水平。图 2-41 所示为具有感知能力的智能工业机器人。

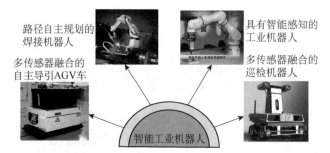

图 2-41　具有感知能力的智能工业机器人

由于听觉、视觉和运动仿生技术的进步，催生出了多种智能服务机器人，如基于语音识别与自然语言理解和视觉识别的迎宾机器人、送餐机器人、护理机器人和学习机器人，如图 2-42 所示。

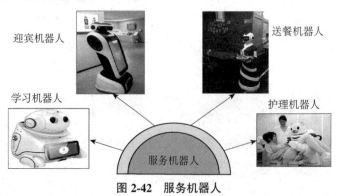

图 2-42　服务机器人

3. 人工智能在医疗上的应用

近年来，人工智能技术与医疗健康领域的融合不断加深，随着语音交互、计算机视觉和认知计算等技术的逐渐成熟，人工智能的应用场景越发丰富，人工智能技术也逐渐成为影响医疗行业发展，提升医疗服务水平的重要因素。其应用方向主要包括医疗影像辅助诊断、自动配药、机器人手术、远程医疗诊断等，如图 2-43 所示。

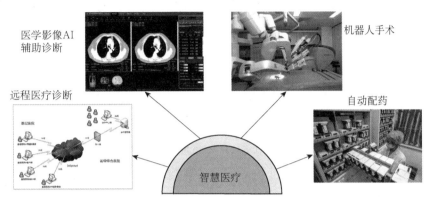

图 2-43　人工智能在医疗中的应用

人工智能技术在医疗影像辅助方向的应用主要指通过计算机视觉技术对医疗影像进行快速读片和智能诊断。医疗影像数据是医疗数据的重要组成部分，人工智能技术能够通过快速准确地标记特定异常结构来提高图像分析的效率，以供放射科医生参考。提高图像分析效率，可让放射科医生腾出更多的时间聚焦在内容的审阅上，从而有望缓解放射科医生供给缺口问题。

人工智能助力药物研发，可大大缩短药物研发周期、提高研发效率并控制研发成本。目前，我国制药企业纷纷布局 AI 领域，主要应用在新药研发和临床试验阶段。对于药物研发工作者来说，他们没有时间和精力关注所有新发表的研究成果和大量新药的信息，而人工智能技术恰恰可以从这些散乱无章的海量信息中提取出能够推动药物研发的知识，提出新的可以被验证的假说，从而加速药物研发的过程。

4. 人工智能在行业智慧化中的应用

当今社会，"行业+AI"已经形成了智慧化行业模式，当 AI 赋能范围较小时称为智能，范围较大时称为智慧，如智慧工厂、智慧校园等。AI 的应用正在使我们的行业和社会智慧化。交通+AI 形成智慧交通，工厂+AI 形成智慧工厂，家居+AI 形成智能家居等，如图 2-44 所示。

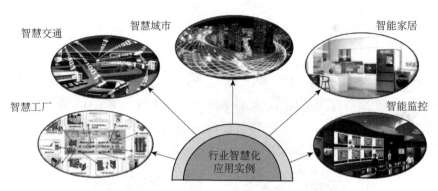

图 2-44　人工智能在智慧化行业中的应用

产业智慧化是指某个产业中的企业生产经营自动化、智能化程度普遍大幅提高。产业智慧化是产业发展的高级阶段，涉及包括农业、工业、交通、物流、旅游等在内的众多行业。

智慧产业或创意产业表现为人的创意对资源整合与资源再生起主导作用，也表现为通过创意对传统产业的提升整合作用。智慧产业或创意产业是知识产业的延伸，本质上仍然属于知识产业，有人说是继信息产业之后的第五产业。

5. 听觉和自然语言处理的应用

自然语言处理（Natural Language Processing，NLP）是现代计算机科学和人工智能领域的一个重要分支，是一门融合了语言学、数学、计算机科学的新兴学科。这一学科的研究涉及自然语言，即人们日常使用的语言，所以它与语言学的研究有着密切的联系，但又有重要的区别。自然语言处理并不是一般性地研究自然语言，而在于研制能有效地实现自然语言通信的计算机系统，特别是软件系统。

自然语言处理属于人工智能的一个子领域，是指用计算机对自然语言的形、音、义等信息进行处理，即对字、词、句、篇章的输入、输出、识别、分析、理解、生成等的操作和加工。它将对计算机和人类的交互方式产生许多重要的影响。

机器听觉和自然语言处理的应用如图 2-45 所示。

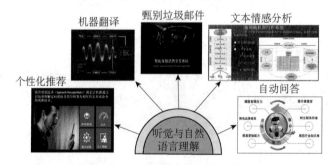

图 2-45　机器听觉和自然语言处理的应用

1）机器翻译

随着通信技术与互联网技术的飞速发展、信息的急剧增加及国际联系愈加紧密，让世界上所有人都能跨越语言障碍而获取信息的挑战已经超出了人类翻译的能力范围。机器翻译的效率高、成本低，满足了全球各国多语言信息快速翻译的需求。机器翻译属于自然语言信息处理的一个分支，能够将一种自然语言自动生成另一种自然语言又无须人类帮助的计算机系统。目前，谷歌、百度、搜狗等人工智能行业巨头推出的翻译平台逐渐凭借其翻译过程的高效性和准确性占据了翻译行业的主导地位。

2）甄别垃圾邮件

当前，垃圾邮件过滤器已成为抵御垃圾邮件的第一道防线。不过，有许多人在使用电子邮件时遇到过这些问题：不需要的电子邮件仍然被接收，或者重要的电子邮件被过滤掉。事实上，判断一封邮件是否是垃圾邮件，首先使用的方法是"关键词过滤"，如果邮件存在常见的垃圾邮件关键词，就判定为垃圾邮件。但这种方法效果很不理想，一是正常邮件中也可能有这些关键词，非常容易误判；二是将关键词进行变形，就很容易规避关键词过滤。自然语言处理通过分析邮件中的文本内容，能够相对准确地判断邮件是否为垃圾邮件。目前，贝叶斯（Bayesian）垃圾邮件过滤是备受关注的技术之一，它通过学习大量的垃圾邮件和非垃圾邮件，收集邮件中的特征词生成垃圾词库和非垃圾词库，然后根据这些词库的统计频数计算邮件属于垃圾邮件的概率，以此进行判定。

3）文本情感分析

在数字时代，信息过载是一个真实的现象，我们获取知识和信息的能力已经远远超过了我们理解它的能力。并且，这一趋势丝毫没有放缓的迹象，因此总结文档和信息含义的能力变得越来越重要。情感分析作为一种常见的自然语言处理方法，可以让我们能够从大量数据中识别和搜集相关信息，而且还可以理解更深层次的含义。比如，企业分析消费者对产品的反馈信息，或者检测在线评论中的评价信息等。

4）自动问答

随着互联网的快速发展，网络信息量不断增加，人们需要获取更加精确的信息。传统的搜索引擎技术已经不能满足人们越来越高的需求，而自动问答技术成为解决这一问题的有效手段。自动问答是指利用计算机自动回答用户所提出的问题以满足用户的需求，在回答用户问题时，首先要正确理解用户所提出的问题，抽取其中关键的信息，在已有的语料库或者知识库中进行检索、匹配，将获取的答案反馈给用户。

5）个性化推荐

自然语言处理可以依据大数据和历史行为记录，学习用户的兴趣爱好，预测用户对给定物品的评分或偏好，实现对用户意图的精准理解，同时对语言进行匹配计算，实现精准匹配。例如，在新闻服务领域，通过用户阅读的内容、时长、评论等偏好，以及社交网络甚至是所使用的移动设备型号等，综合分析用户所关注的信息源及核心词汇，进行专业的细化分析，从而进行新闻推送，实现新闻的个人定制服务，最终提升用户黏性。

2.4.4 新一代信息技术与人工智能的关系

AI 作为一种理论、一种方法、一种技术，与新一代信息技术有着密切的关系，一方面 AI 以"+"的方式渗入到信息技术的各个领域，为信息产业赋能；另一方面新一代信息技术为 AI 提供硬件资源、数据资源和环境资源的支撑，使 AI 应用的深度和广度不断拓展。

人工智能与新一代信息技术的关系如图 2-46 所示。

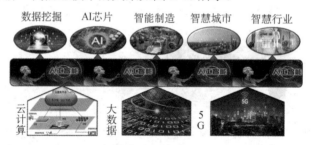

图 2-46　人工智能与新一代信息技术的关系

当今信息化的四大板块分别是物联网、大数据、人工智能、云计算，它们之间是一个整体，有着本质的联系，具有融合的特质和趋势。云计算是一个计算、数据存储、通信的工具与平台，物联网、大数据和人工智能必须依托云计算的分布式处理、分布式数据库和云存储、虚拟化技术才能形成行业级应用。通过物联网产生、收集海量的数据存储在云平台，再通过大数据分析，以更高形式的人工智能提取云计算平台存储的数据为人类提供更好的服务。有效、合法、合理地收集、利用、保护大数据，是人工智能应用时代的基本要求。AI 与云计算、大数据也是 IT 技术领域的三大热点，它们之间的关系可以拟比如图 2-47 所示。

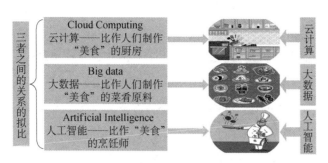

图 2-47　云计算、大数据及人工智能三者之间的拟比

人工智能是基于大数据的支持和采集，运用于人工设定的特定性能和运算方式来实现的，大数据是通过不断采集、沉淀、分类等方式行成的数据积累。人工智能技术立足于神经网络，同时发展出多层神经网络，从而可以进行深度机器学习。与以往的传统算法相比，这一算法并无多余的假设前提，而是完全利用输入的数据自行模拟和构建相应的模型结构。这一算法的特点决定了它是更为灵活的，且可以根据不同的训练数据而拥有自优化的能力。

人工智能未来将是掌控神经网络与多神经网络及其构建模型的大脑，云计算可以看作是大脑指挥下的对于大数据的处理与应用系统，就是大数据储存在云端，再根据云计算做出行为，这就是人工智能算法。人工智能离不开大数据，更是基于云计算平台完成深度学习进化的。不管是无人驾驶，还是图像识别、语音识别，其系统底层架构应该都是基于大数据的逻辑算法，系统须先存储海量数据信息，比如路况信息、人脸数据、语音数据等，根据底层大数据、人类的需求分析，然后编写逻辑程序，再最终通过系统执行人的想法应用于机器或设备之上。

人工智能、大数据、云计算是这个时代重要的创新产物，高速并行运算、海量数据、更优化的算法共同促成了人工智能发展的突破，它们具有巨大的潜能，能够不断催化新的经济价值和社会进步。

2.5　新一代信息技术、人工智能与社会

数字化、网络化、智能化是新一轮科技革命的突出特征，也是新一代信息技术的核心。感知人类社会和物理世界的基本方式是数字化，联结人类社会与物理世界（通过信息空间）的基本方式是网络化，信息空间作用于物理世界与人类社会的方式是智能化。数字化为社会信息化奠定基础，其发展趋势是社会的全面数据化。数据化强调对数据的收集、聚合、分析与应用。网络化为信息传播提供物理载体，其

发展趋势是信息物理系统（CPS）的广泛采用。信息物理系统不仅会催生出新的工业，甚至会重塑现有产业布局。智能化体现信息应用的层次与水平，其发展趋势是新一代人工智能。人类社会、物理世界、信息空间构成了当今社会的三元世界体系，如图 2-48 所示。这个三元世界之间的关联与交互，决定了社会信息化的特征和程度。

图 2-48　现代社会的三元世界体系

2013 年，麦肯锡咨询公司在一份研究报告中列举了可能改变未来生活、商业和全球经济的 12 项颠覆性技术，其中大部分属于新一代信息技术范畴。几年前，我们对新工业革命做出了"一主多翼"的判断，也是基于相同的认识。所谓"一主"，是指新工业革命的主要驱动力量是新一代信息技术的深度应用和全面应用；所谓"多翼"，是指新一代信息技术的发展与新能源、新材料和生物科技等诸多领域的技术进步相协同，呈现出融合创新、全面发展的态势。当前，只有抓住新一代信息技术的发展与应用这一突出特征，才能准确观察和理解我们所处的快速变化的时代，从而抓住信息化发展历史机遇，打造发展和竞争新优势。

人工智能对人类社会的影响包括人工智能系统的开发和应用已为人类创造出可观的经济效益，其中专家系统就是一个例子。随着计算机系统的不断发展与完善，人工智能技术必将得到更大范围的推广，产生更大的经济效益。经济发展的好坏直接决定着社会发展的状况，只有在经济形势向好的前提下，才会有其他方面的发展。人工智能的出现，对经济的快速发展起到了重要作用。20 多年来，人工智能的运用，几乎渗透到各个领域，包括经济、空间技术、自动控制、计算机设计和制造等领域，并在实际应用中产生了巨大的经济效益，有力地促进了经济社会的科学发展。人工智能对社会发展的贡献是有目共睹的，自人工智能出现以来，社会发展取得了举世瞩目的成就，在许多领域中取得了骄人的成果。当前，我国经济发展突飞猛进，取得了喜人的成绩，在社会发展上也更加注重利用人工智能，使得社会朝着和谐的方向迈进。同时，人工智能研究成果，也显示出在某些方面计算机要胜过人类的能力。当然，人工智能的核心问题仍旧是把人类的智能与机器智能更好地连接起来，以处理好科技与社会的协调发展。

2.5.1 新一代信息技术对社会发展和生产生活方式转变的推动

从技术和产业的视角，可以对当今人类所处时代做出诸多不同表述。但是，无论是新工业革命、第四次工业革命、第二次机器革命、下一代生产革命还是新一轮科技革命和产业变革，其核心内容都是新一代信息技术的创新发展及其对人类社会生产生活方式带来的巨大而深刻的影响。据此可以得出一个基本判断：当今世界正处于以信息化全面引领创新、以信息化为基础重构国家核心竞争力的新阶段，迎来了新一轮信息革命浪潮。

1. 生产方式的智能化

新一轮信息革命本质上是由信息生产、交换、分配和消费方式变化引起的社会生产力和生产关系的巨大变革，它的影响是全方位、长周期的。生产力的发展史就是人类不断通过技术进步解放自己的历史，每次产业技术革命都给人类生产生活带来巨大而深刻的影响。比如，18 世纪 60 年代开启的第一次工业革命用蒸汽机取代人力，极大地提高了生产效率。第二次世界大战后，半导体、集成电路、计算机、卫星通信等电子信息技术的发明和应用，使人类利用信息的手段发生质的飞跃，带来了生产力大发展。近年来，新一代信息技术日新月异，引领社会生产新变革，创造人类生活新空间，拓展国家治理新领域，极大提高了人类认识世界、改造世界的能力。如果说工业革命拓展了人类体力，通过大规模工厂化生产创造出惊人的物质财富，那么，新一轮信息革命正在空前地增强人类脑力，带来生产力又一次质的飞跃。

新一轮信息革命对生产方式的深刻影响，表现为信息化带来的产业技术路线革命性变化和商业模式突破性创新，进而形成信息技术驱动下的产业范式变迁、企业组织形态重构及就业和消费方式变化。当前，新一轮信息革命的图景尚未完全展开，对人类生产方式的影响尚不能精准预知。但是，至少以下几个方面的影响将是巨大而深刻的。

（1）生产方式智能化。互联网作为创新最活跃、赋能最显著的产业，正加速向各产业尤其是制造业的产业链、供应链、价值链渗透，推动制造业发生深刻变革。网络化协同、个性化定制、服务化延伸、智能化生产（智能工厂见图 2-49）正在成为"新制造"的共同特点。生产领域的技术变革和商业模式创新还推动人类生活方式和社会领域的数字化智能化转型，智慧交通、智慧医疗、数字化学习、智能家居等正在孕育兴起。

（2）产业形态数字化。随着信息化深入发展，我们正在经历从管理数字化、业务数字化向产业数字化转变的阶段。数字化不仅促进形成新的产业形态，而且推动传统产业向更高级产业形态转型升级。可以预见，未来大部分产业将成为数字化产业或与数字化技术深度融合，数据将成为企业的战略性资产和价值创造的重要来源。

（3）产业组织平台化。在新一轮信息革命浪潮下，平台企业正在成为一种新的组织形态。2019 年，全球市值前 10 大公司中有 7 家是平台企业。不同于传统的企业形态，平台企业是一种兼具传统企业组织和市场功能的新形态；不同于传统企业专注于内部管理，平台企业更强调外部的连接性及其网络效应。以信息技术为基础的开放平台为共享经济拓展了没有边界的市场空间，大大提高了全社会的资源利用效率。比如，共享汽车逐渐成为一种成熟的商业模式，共享出行的提供者通过不断创新的商业模式促进汽车利用效率不断提高。

这些变革也会对劳动就业产生影响。人类历史上的产业技术革命既是对劳动者的解放，也形成了对劳动者的替代。随着生产过程自动化的推进和机器人大规模使用，新一轮信息革命在不断创造新就业岗位的同时，也在形成对劳动者的替代，其中既有对人类体力劳动的替代，也有对人类脑力劳动的替代。机器对劳动者的替代，能够把人类从繁重危险和简单机械的劳动中解放出来，提高生产效率，使技术成为人类逐步实现自由的手段。在这一过程中，适应能力较差的劳动者难免会面临较高的失业风险。但只要采取有效措施加以应对，就业问题是能够得到妥善解决的。

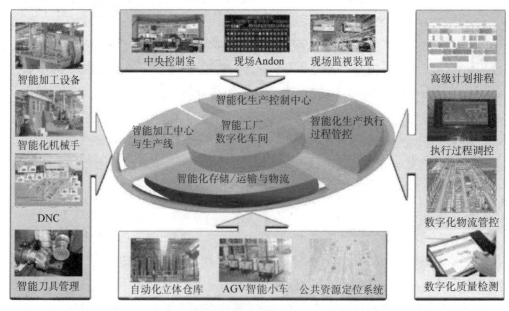

图 2-49　智能工厂

生产方式智能化、产业形态数字化、产业组织平台化，都会在微观和宏观层面极大地提升生产效率和全社会资源配置效率。对于后发国家来说，如果能抓住信息化发展历史机遇，主动顺应和引领新一轮信息革命浪潮，就可以成功实现追赶甚至超越。为此，应着力补齐核心技术短板，全面增强信息化发展能力；着力发挥信息化的驱动引领作用，全面提升信息化应用水平；着力满足广大人民群众普遍期待和经济社会发展的关键需要，推动信息技术更好地服务经济转型升级和民生改善；着力深化改革，全面优化信息化发展环境。同时也要认识到，范式变迁从来都是一种创造性破坏，在拥抱其"创造性"带来的巨大收益的同时也应积极应对其"破坏性"挑战。

加快发展先进制造业。随着新一轮信息革命的到来，最重要的生产要素正从传统意义上的劳动力、土地、资本等转变为人力资本、知识资本、大数据、新型基础设施等，这将使本地化、分散化的制造方式得到推广，传统上主要分布在发展中国家的生产制造中心将面临挑战。与此同时，智能制造和人工智能的发展会在一定程度上降低劳动力数量和成本在一国经济增长中的重要性，对拥有大规模人口资源的发展中国家来说，充分发挥劳动力比较优势、实现"人口红利"的机会窗口越来越小。这就要求我们贯彻落实党中央部署要求，深入推进供给侧结构性改革，深入实施创新驱动发展战略和人才强国战略，加快建设制造强国、人才强国，加快发展先进制造业，推动互联网、大数据、人工智能和实体经济深度融合，不断培育新增长点、形成新动能。

提高劳动者的适应性就业能力。生产过程自动化和机器人的大规模使用将带来就业结构调整，数量众多的劳动者将转入新就业岗位。2018年世界经济论坛发布的《2018未来就业》报告提出，自动化技术和智能科技的发展将取代全球7500万份工作，但随着公司重新规划机器与人类的分工，另有1.33亿份新工作将应运而生，也就是说到2022年净增的新工作岗位多达5800万份。在这些新岗位中，一部分是人机协作岗位，要求从业者具有较高的信息素养；一部分是机器难以替代的工作岗位，要求从业者具有较高的专业素养和较强的创造性。应对就业挑战，需要建立面向新一轮信息革命的教育体系，重视通用能力培养，树立终身学习理念，加强职业技能培训，提高劳动者在新技术变革环境下的适应性就业能力；加快完善社会保障体系，建立适应信息时代新形态就业特点的社会保障制度，加强对劳动者的保护，切实保障人民群众基本生活。从我国劳动力数量较多的现实出发，应促进就业容量大的服务业和有一定技术含量的劳动密集型产业的快速发展。

2. 生活方式的智慧化

随着 AI 的飞速发展，人类的生活发生着巨大的变化。各种智能设备层出不穷，

"智能手机""VR 设备""各种智能终端"等智能装备不断涌现。随着"5G 网络""互联网""云计算"等新兴技术的发展，人类的生活方式将逐渐向"互联化，智能化"转变，许多曾需要人处理的工作将由机器来执行，人将作为命令的发出者。生活方面，我们不需要再处理繁杂的家务。早上起来后，机器将在设定的时间点为我们把早饭做好，我们要做的只要把饭吃掉就 OK 了。只需要一个手势、一个动作、一句话就可以完成电视、电脑、空调、洗衣机等各种设备的操作。就算出门后，家中也像一个精确的机器一样自行运转，只需一个手机就可以远程操作家中的一切。回家前，可以提前完成准备晚餐、打开空调等操作，一切都显得如此便捷、舒适。

1）智能家居

智能家居是在互联网影响之下物联化的体现。如图 2-50 所示，智能家居通过物联网技术将家中的各种设备（如音视频设备、照明系统、智能门窗、空调控制、安防系统、数字影院系统等）连接到一起，提供电器控制、照明控制、电话远程控制、室内外遥控、防盗报警、环境监测、暖通控制、红外转发及可编程定时控制等多种功能和手段。与普通家居相比，智能家居不仅具有传统的居住功能，兼备建筑、网络通信、信息家电、设备自动化，提供全方位的信息交互功能，甚至为各种能源费用节约资金。

图 2-50　智能家居

2）智能穿戴

智能穿戴又名可穿戴设备，是应用穿戴式技术对日常穿戴进行智能化设计，开发出可以穿戴的设备的总称，如眼镜、手套、手表、服饰及鞋等。有两个明显的应用方向，一是运动健康方向；另一个是医疗保健。

3）智能汽车

智能车辆是一个集环境感知、规划决策、多等级辅助驾驶等功能于一体的综合系统，它集中运用了计算机、现代传感、信息融合、通信、人工智能及自动控制等技术，是典型的高新技术综合体。目前，对智能车辆的研究主要致力于提高汽车的安全性、舒适性，以及提供优良的人车交互界面。近年来，智能车辆已经成为世界车辆工程领域研究的热点和汽车工业增长的新动力，很多发达国家都将其纳入各自重点发展的智能交通系统当中。智能汽车是一种正在研制的新型高科技汽车，这种汽车不需要人去驾驶，人只舒服地坐在车上享受这种高科技的成果就行了。因为这种汽车上装有相当于"眼睛"、"大脑"和"脚"的电视摄像机、电子计算机和自动操纵系统装置，这些装置都装有非常复杂的电脑程序，所以这种汽车能和人一样会"思考""判断""行走"，可以自动启动、加速、刹车，可以自动绕过地面障碍物。在复杂多变的情况下，它的"大脑"能随机应变，自动选择最佳方案，指挥汽车正常、顺利地行驶。

2.5.2 大数据时代的个人隐私保护

当今个人信息的数字化方便了管理、各种交流和服务，但个人隐私的泄露机会也大大增加。更令人担忧的是，很多互联网公司都拥有强大的数据分析能力，通过对用户的衣食住行、家庭职业等进行统计分析，能够精准地描绘出一个人的"数据画像"，让人毫无隐私可言。推送的新闻是你爱看的，推荐的商品是你想买的，这边刚搜索租房、买票等资讯，那头就接到租赁、代购公司的电话……"支付宝2017年度账单"中给每个人都赋予了一个关键词，这让不少网友感叹"比我更了解我"，也愈发担心"到底去何处安放隐私？"

手机是每个人亲密的"朋友"，是谁把手机变成了潜伏在身边的"间谍"？侵犯公民个人信息的往往与互联网公司有关。根据《移动互联网应用程序信息服务管理规定》，手机软件提供者应当建立健全用户信息安全保护机制，收集、使用个人信息应遵循合法、正当、必要原则，并经用户同意。即便如此，"店大欺客"的现象依旧屡禁不止。大数据时代"个人信息堪比黄金"，在很多从事互联网营销的业内人士看来，谁搜集和掌握的数据越多，谁拥有的商业价值就越大。

大数据时代不能变成一个没有隐私、没有禁忌的时代，相反，应该更加注重保护隐私。人们在享受互联网带来技术红利的同时，不能忘了技术发展的初衷。网上已有大量个人信息被泄露，工信部、国家网信办已就保护个人隐私等相关问题同相关互联网企业进行约谈，涉事企业表示要汲取教训、全面整改。前车之覆后车之鉴，未来还会有更多手机软件融入百姓生活，进入政务、金融等公共服务领域，互联网公司不能忘记相应的社会责任、法律义务，须知无视法律法规、缺少社会责任，终究会作茧自缚、失去信赖。信息安全保护尽快跟上网络发展的步伐，有关部门要加强立法打击、技术防范，社会公众也要提高风险防范意识。唯有共同守住网络发展与信息保护的红线，我们才能真正迎来大数据时代的春暖花开。

现在一种观点认为，注重隐私保护的后果可能阻碍数字经济的发展。我们认为，大数据时代，个人信息保护非常重要，不论是政府部门还是商业机构，在使用个人信息时都要有相应的使用政策，征得个人同意。在个人信息的利用上，首先要保证不侵害公民的人身权，不造成对个人的精神伤害；其次在信息的无害化传播和利用中，可以通过惠益机制对个人加以补偿。

如今，数据滥用与泄露、跨境数据存储与传输已经成为十分突出的问题。医疗、金融、保险、交通、社交等领域的网络用户，其个人信息被非法收集、获取、贩卖和利用事件频发，甚至形成了"黑色产业链"，让不法分子大发横财。图 2-51 所示为个人资料泄漏示意图。

图 2-51　个人资料泄露示意图

现在，一方面为政务管理、业务发展等需要，政府、企业等可能会对个人信息进行收集利用和分析；另一方面，发生在个人信息的收集、存储、利用等环节中的不当操作和网络攻击，极易引发数据窃取、隐私泄露等网络安全问题，不仅侵害个人隐私，也可能威胁人身和财产安全、社会稳定甚至国家安全。

大数据互联网时代如何有效保护个人隐私呢？

1. 要加强隐私保护专门立法

多年来，中国针对个人隐私未有专门的法律，大部分与隐私相关的规定散落在各个法案之中。在互联网时代，隐私保护的相关条文来自于 2017 年 6 月 1 日正式实施的《中华人民共和国网络安全法》，其中强调了中国境内网络运营者对所收集到的个人信息所应承担的保护责任和违规处罚措施。但在具体落实方面却存在众多的悖论，政府要求"实名制"必然显著提升了用户信息的价值。而企业不愿为了实施隐私保护而不能充分利用用户信息提供更好的服务，以至于限制企业的竞争力。消费者则往往缺少相应的知识和技术来防范这种行为，即使发生个人隐私泄露时，无法依靠个体力量进行追溯。

目前，我国已发布网络安全国家标准 215 项，有力支撑了国际网络安全保障工作。我国将继续推进密码算法、三元对等实体鉴别技术、大数据安全能力成熟度、生物特征识别身份认证、量子密钥分发等国际标准，为网络安全国际标准化贡献中国智慧，提出中国方案。

2.　个人信息保护规范，管理与保护并重

在现有法律体系框架下，个人信息权利的行使并不能仅由信息权利人自己完成，而是主要借助数据企业、国家相关主管机构等信息持有和管理人的行为而实现。将个人信息作为一种司法上的绝对权，无论如何不能契合权利的支配性、对世性、排他性等特性。个人信息也与隐私权的消极品格不能兼容，因为隐私权通常只有在受到侵害时才显示出消极的防御权能和基本人权的利益价值，而个人信息则以积极行使、多样化利用为主要目的，处在与数据企业、社会的交往和使用之中，并非封闭的、独立的主观存在。

我国许多现行的个人信息法律规范，均呈现出法律义务创设及法律责任前置的特征，旨在对可能出现的侵犯个人信息的行为进行提前预防，对个人信息的各种利用主体的行为创设基本的行为规范，包括对国家机关的信息行为进行规制，其强制性规范和管理性规范的属性极为明显和强烈，这与民事规范的司法自治特性不相称。个人信息相关的法律规范，在世界范围内多因信息技术的发展，消费者与数据企业关系的变化，而由特别法实时进行调整与更新。在这个大的社会发展趋势之下，静态的、以个人隐私的绝对保护为中心的传统个人信息保护模式，已经很难适用。

个人在信息提供、分享、交互、加工、分析等各个环节中，只能具有有限的知情权和修改权，而失去了对全部信息产生、变化和反馈过程的终极控制权。在数字化社会，要想获得信息技术和网络带来的各种便利，就必须按照企业的要求提供各种信息，同意企业在信息收集、加工和利用上提出的各种格式条款，个人在此情形下的选择只能是全有或全无。

总之，在当今信息化时代，个人信息既不再是隐私权的客体，也不是人格权衍生出的财产权的组成部分，而成为国家、数据企业和个人共享的宝贵数据资源。因此，关于个人信息的立法不应再狭隘地局限于个人利益或私权保护，应侧重规范信息资产合理开发中个人利益和社会公共利益的平衡，应更好地发挥个人信息在促进个人全面发展和推动社会进步中的公共产品作用。这是大势所趋，也是我国法律适应大数据时代发展需求的必然选择。

3. 识别信息泄露渠道，有效提高防范意识

现在，哪些环节容易泄露隐私？

（1）社交软件。通过微信、微博、QQ空间等社交平台账号进行互动，有时候会在无意识的情况下发布自己的信息和状态。所以，在社交平台上要尽可能避免透露或标注自己的真实身份。在朋友圈晒图片的时候，也须格外谨慎。

（2）网上购物。在网上进行交易时，商家掌握了你的姓名、电话、地址等个人信息。除了这些，对收到产品后的快递单一定要撕掉或涂黑，毕竟快递包装上有你的个人信息。

（3）注册登记。因为一些社交网络和游戏要求实名制，有的还需要身份证号码，都会留下痕迹。那么，对于这种情况，少注册多修改密码也是一个好办法。还有就是不要在不正规的网站、APP上注册真实姓名等信息。

（4）网上调查。很多网站或者个人借各种问卷调查来对你填写的个人信息进行窃取。在互联网上要保护自己的隐私是比较困难的，但是要有一种防范意识，不要随便把自己的信息暴露在网上，降低个人隐私信息被泄露的危险。

新一轮信息革命在给人们带来诸多美好与便利的同时，也带来了网络风险。可以说，没有网络信息安全，就没有国家安全、企业安全和个人安全。现阶段，人人互联的智能终端的连接数量还只是十亿级、几十亿级，未来5G大规模商用后，将使万物互联成为现实，连接入网的终端设备数量可能达到千亿级别，由此带来的网络安全挑战、个人和企业数据泄露威胁将更加严峻。此外，人工智能的"算法黑箱"可能涉及的伦理和法律问题也需要引起高度关注。对此，应守护好网络信息安全底线，加强通信网络、重要信息系统和数据资源保护，增强信息基础设施可靠性，加快构建网络信息安全保障体系；加强网络空间法治建设，对危害网络信息安全的行为依法予以惩处，确保互联网在法治轨道上健康运行；创新制度设计和政策措施，有效管理新技术可能带来的社会风险和伦理冲突，处理好人工智能在法律、安全、就业、道德伦理和政府治理等方面提出的新课题。

2.5.3　人工智能与社会伦理

人工智能发展不仅仅是一场席卷全球的科技革命，更是一场规模空前且将对人

类文明带来前所未有的深远影响的社会伦理实验。

当下专家们已经提出人工智能的社会、伦理与未来研究的重要课题。仅从科学和技术的角度研究人工智能还不够，还需要引入哲学、社会学、伦理和未来研究等方面的研究。在人工智能快速发展过程中，其对社会和未来的影响，要有伦理和哲学的关注，应与科技哲学密切结合，以促使人工智能的健康发展。

图 2-52 所示为考虑人类权利优先的 AI 设计思路。

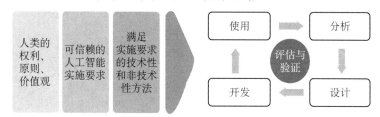

图 2-52　考虑人类权利优先的 AI 设计思路

人工智能迅猛发展，全世界都十分重视人工智能和对人工智能的伦理考量。以欧盟发布的《人工智能伦理准则》（2019 年 4 月 8 日）为例，该准则认为人文学者已经深度地参与人工智能的发展之中，对此我们应予以关注。可信赖的人工智能必须注重两点：第一，发展人工智能应尊重基本人权、基本的规章制度、核心的原则和价值观；第二，在技术上应当是安全可靠的，要避免因为技术的不足造成意外的伤害。应该看到，在伦理考量上欧盟等已经走在前面了，我国也在开展类似的工作。此外，我们应看到对高科技的人文思考包括伦理考量也有其局限性，即往往陷入非黑即白的情形，这样看问题是不利于高科技发展的。科技界应该认识到，人工智能落地遇到的问题往往是社会、伦理和法律问题，不可能完全通过技术解决。哲学社会科学界应该紧跟我国新一代人工智能的发展，持续跟踪和评估人工智能研究的进展和问题，进而有针对性地展开相关研究。

当前流行的深度学习只是机器学习的一个高峰，虽然人工智能在语音和图像识别方面得到了广泛应用，但真正意义上的人工智能的发展还有很长的路要走。在应用层面，人工智能已经开始用于解决社会问题，各种服务机器人、辅助机器人、陪伴机器人、教育机器人等机器人和智能应用软件应运而生，各种伦理问题随之产生。人工智能伦理属于工程伦理，主要应探索和研究遵循什么标准或准则可以保证安全，如 IEEE 标准等。机器人伦理与人因工程相关，涉及人体工程学、生物学和人机交互，需要以人为中心进行机器智能设计。随着推理、机器人进入家庭，如何保护隐私、满足个性都要以人为中心而不是以机器为中心开展设计。过度依赖机器人将带来一系列的家庭伦理问题。为了避免人工智能以机器为中心，需要法律和伦理研究参与其中，而相关伦理与哲学研究也要对技术有必要的了解。

第3章 新一代信息技术基础

🌳 **本章内容和学习目标**

本章主要围绕新一代信息技术的基础技术介绍如下内容：信息的基本概念、信息传递的结构、信息的度量、通信信道、信道容量、现代通信系统及编码技术、信源编码、信道编码、数字调制的基本概念、现代数字调制技术、大数据与云计算核心技术与主要工具。

通过本章的学习，学习者应能够理解和掌握新一代信息技术基本知识，包括信息论、现代编码技术、现代调制技术、大数据与云计算核心技术与主要工具。

3.1 信息论

3.1.1 信息的基本概念

信息是对客观事物的反映，从本质上看信息是对社会、自然界的事物特征、现象、本质及规律的描述。信息技术（简述）是完成信息获取、传输、处理、存储、输出和应用的技术。

信息技术是指利用电子计算机和现代通信手段实现获取信息、传递信息、存储信息、处理信息和显示信息等的相关技术。通常，信息泛指人类社会传播的一切内容。人类通过获得、识别自然界和社会的不同信息来区别不同事物，得以认识和改造世界。在一切通信和控制系统中，信息是一种普遍联系的形式。"信息"一词在英文、法文、德文、西班牙文中均是"information"，日文中为"情报"，我国古代称为"消息"。信息作为科学术语最早出现在哈特莱（R.V.Hartley）于1928年撰写的《信息传输》一文中。20世纪40年代，信息的奠基人香农（C.E.Shannon）对信息给出了明确定义，此后许多研究者从各自的研究领域出发，给出了不同的定义。具有代表意义的表述如下：信息奠基人香农认为"信息是用来消除随机不确定性的东西",这一定义被人们看作是经典性定义并加以引用;控制论创始人维纳认为"信息是人们在适应外部世界,并使这种适应反作用于外部世界的过程中,同外部世界进行互相交换的内容和名称",它也被作为经典性定义加以引用;经济管理学家们认为"信息是提供决策的有效数据"。

3.1.2 信息传递的结构

信息传递的基本结构如图 3-1 所示。

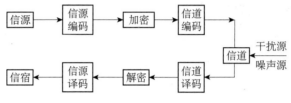

图 3-1　信息传递的基本结构

信源:信息的来源,信息可以是文字、语言、图像等。信源产生的信息可以是离散的,也可以是连续的。信息是随机发生的。

信宿:信息的接收者。

信道:传递信息的通道。

干扰源:系统各部分引入的干扰。

信源编码:对信源输出的信号进行变换,求得有效性。

信道编码:对信源编码后的信号进行变换,提高其抗干扰性,求得可靠性。

调制:将信道编后的信号的传输方式转换为适合信道传输的方式。

译码:编码的逆变换,其中心问题是研究各种可实现的解调和译码方法、加密/解密。

3.1.3 信息的度量

我们常常说信息很多,或者信息较少,但却很难说清楚信息到底有多少。比如,一本 50 多万字的中文书《史记》到底有多少信息量?我们也常说信息有用,那么它的作用是如何客观、定量地体现出来的呢?信息用途的背后是否有理论基础呢?对于以上问题,几千年来都没有人给出很好的解答。直到 1948 年,香农在他的著名论文"通信的数学原理"中提出了"信息熵"的概念,才解决了信息的度量问题,并且给出了量化信息量的度量。

一条信息的信息量与其不确定性有着直接的关系。比如说，我们要搞清楚一件非常不确定的事情，或是我们一无所知的事情，就需要了解大量的信息。相反，如果已对某件事情了解较多，则不需要太多的信息就能把它搞清楚。所以，从这个角度来看，可以认为，信息量就等于不确定性的多少。

那么如何量化信息量的度量呢？来看一个例子，大家都很关心谁会是世界杯足球赛的冠军。假如你错过了看世界杯比赛，赛后你问一个知道比赛结果的观众"哪支球队是冠军"？他不愿意直接告诉你，而让你猜，并且你每猜一次，他要收一元钱才肯告诉你是否猜对了，那么你需要掏多少钱才能知道谁是冠军呢？你可以为球队编号，从 1 到 32，然后提问："冠军球队在 1～16 号中吗？"假如他告诉你猜对了，你会接着问："冠军在 1～8 号中吗？"假如他告诉你猜错了，你自然知道冠军队在 9～16 号中。这样只需要五次你就能知道哪支球队获得冠军。所以，谁是世界杯冠军这条消息的信息量只值 5 块钱。

当然，香农不是用钱，而是用"比特"（Bit）这个概念来度量信息量。一比特是一位二进制数，在计算机中，一个字节就是 8 比特。在上面的例子中，这条消息的信息量是 5 比特。如果有朝一日有 64 支球队进入决赛阶段的比赛，那么"谁是世界杯冠军"的信息量就是 6 比特，因为要多猜一次。读者可能已经发现，信息量的比特数和对数函数 log 有关：log32=5，log64=6。

有些读者会发现实际上可能不需要猜五次就能猜出谁是冠军，因为像西班牙、巴西、德国、意大利这样的球队夺得冠军的可能性比日本、南非、韩国等球队大得多。因此，第一次猜测时不需要把 32 支球队等分成两个组，而是把少数几支最可能夺冠的球队分成一组，把其他球队分成另一组。然后猜测冠军球队是否在那几支热门队中。重复这样的过程，根据夺冠概率对余下候选球队分组，直至找到冠军队。这样，也许三次或四次就猜出结果。因此，当每支球队夺冠的可能性（概率）不等时，"谁是世界杯冠军"的信息量比 5 比特少。香农指出，它的准确信息量应该是：

$$H=-（P1·\log P1+P2·\log P2+\cdots+P32·\log P32）$$

其中，$P1$，$P2$，$\cdots$，$P32$ 分别是这 32 支球队夺冠的概率。香农把它称为"信息熵"，一般用符号 H 表示，单位是比特。

有了"熵"这个概念，就可以回答本文开始提出的问题，即一本 50 万字的中文书平均有多少信息量？我们知道，常用的汉字大约有 7000 个。假如每个字等概率，那么大约需要 13 比特（即 13 位二进制数）表示一个汉字。但汉字的使用频率不是均等的。实际上，前 10% 的汉字占常用文本的 95% 以上。因此，即使不考虑上下文的相关性，而只考虑每个汉字的独立概率，那么，每个汉字的信息熵也只有

8～9 比特。如果再考虑上下文之间的相关性，每个汉字的信息熵就只有 5 比特左右。所以，一本 50 万字的中文书，信息量大约是 250 万比特。

需要指出的是，这里讲的 250 万比特是个平均数，同样长度的书所含的信息量可以相差很多。如果一本书重复的内容很多，它的信息量就小，冗余度就大。不同语言的冗余度差别很大，而汉语在所有语言中冗余度是相对较小的。大家可能会有这个经验，一本英文书，翻译成汉语，如果字体大小相同，那么中译本一般都会薄很多。这和人们普遍的认识——汉语是最简洁的语言之一是一致的。

自古以来，信息和消除不确定性是相联系的。在英语里，信息和情报是同一个词（information），而我们知道情报的作用就是排除不确定性。

网页搜索本质上也是利用信息（用户输入的关键字）消除不确定性的过程。如果提供的信息不够多，比如搜索词是常用的关键词，诸如"中国""经济"之类，那么会有好多相关的结果，用户可能还是无从选择。这时正确的做法是挖掘新的隐含信息，比如网页本身的质量信息。如果这些信息还是不够消除不确定性，不妨再问问用户。这就是相关搜索的理论基础。不正确的做法是在关键词上玩数字和公式的游戏，由于没有额外的信息引入，这种做法没有效果，这就是很多人进行网页搜索时非常辛苦却很少有收获的原因。最糟糕的做法是引入人为的假设，这和"蒙"没什么差别。其结果是似乎满足了个别用户的"口味"，但是对大部分用户来讲搜索结果反而变得更糟。合理利用信息，而非玩弄公式和机器学习算法，是做好网页搜索的关键。知道的信息越多，随机事件的不确定性就越小。

当获取的信息和要研究的事物"有关系"时，这些信息才能帮助我们消除不确定性。当然"有关系"这种说法太模糊，不太科学，最好能够量化地度量"相关性"。比如常识告诉我们，一个随机事件"过去 24 小时北京空气的湿度"和随机变量"今天北京下雨"的相关性很大，但似乎就和"旧日金山的天气"相关性不大。为此，香农在信息论中提出了一个"互信息"的概念作为两个随机事件"相关性"的量化度量。

信息熵不仅是对信息的量化度量，而且是整个信息论的基础。它对于通信、数据压缩、自然语言处理都有很大的指导意义。信息熵的物理含义是对一个信息系统不确定性的度量，在这一点上，它和热力学中熵的概念有相似之处，因为后者就是对一个系统无序的度量，从另一个角度讲也是对一种不确定性的度量。这说明科学上很多看似不同的学科之间也会有很强的相似性。

熵，即事件集的平均不确定性。一个随机事件的信息量定义为其出现概率的对数的负值

$$I(x_i) = -\log p(x_i) \tag{3-1}$$

以 2 为底，单位为比特（bit）；

以 e 为底，单位为奈特（nat）1nat=1.433bit；

以 10 为底，单位为笛特（det）1det=3.322bit。

3.1.4 通信信道

通信信道是指信息可以传输的通道，它以传输介质和通信中继设施为基础。这里所讲的介质是广义的，可以是有形介质，如双绞线、电缆和光纤；也可以是无形介质，即传播电磁波的空间。本书提到的信道是指有线信道。我们总是希望信号能在通信信道上进行无畸变地传递，但是由于信道的物理性能所致，往往使信号在传输过程中发生畸变（或失真），严重时使信号不能正确地被传输，这主要是由于不同的信道具有不同的频率特性。频率特性可分为幅频特性和相频特性。频率特性系是指不同频率的信号通过信道后，其幅值受到不同程度的衰减的特性；而相频特性是指不同频率的信号通过信道后，其相角发生不同程度的改变的特性。由于信道的相频特性并非理想特性，使得三次谐波的相移不是基波的三倍，因此造成接收端波形失真。当然，由于信道幅频特性并不理想也会造成信道对各次谐波的幅值衰减不一，从而也产生信号波形的失真。我们可以看出，信道的频率特性决定了信道通频带，如果信号的频率在信道频带范围内，则信号基本上不失真；否则，信号的失真将较严重。信道可以按不同的方法来分类，如按传输信号类型分类，可分为模拟信道和数字信道；按信道使用权分类，可分为专用信道和公用信道；按传输介质的类型不同，信道可分为有线信道和无线信道。对于不同类型的信道，其信道特性和使用方式均有所不同。

1. 有线信道

有线信道分为双绞线、同轴电缆和光纤三种。

1）双绞线

双绞线是网络中最常用的一种传输介质。它由两根具有绝缘保护的铜导线按一定规则绞合而成，可分为屏蔽双绞线（STP）和非屏蔽双绞线（UTP）。双绞线既可以传输模拟信号，也可以传输数字信号，适用于短距离信息传输。双绞线的主要特点是价格低、安装方便，但抗高频干扰能力较弱。

2）同轴电缆

同轴电缆是目前局域网中最常用的传输介质之一。它由内外两个导体组成，内导体是一根实心铜线，用于传输信号，外导体被织成网状，主要用于屏蔽电磁干扰和辐射。网络中使用的同轴电缆有两种类型，即 50Ω 和 75Ω。75Ω 的同轴电缆就是公用有线电视系统 CATV 中使用的同轴电缆，也称为 CATV 电缆。根据同轴电缆直径的不同，50 Ω 的同轴电缆又分为粗同轴电缆（简称粗缆）和细同轴电缆（简称细缆）。粗缆抗干扰性能好，传输距离远；细缆价格便宜，但传输距离较近。

3）光纤

光纤的全称为光导纤维，又称光缆，是当前计算机网络所使用的传输介质中发展最为迅速的一种。光纤是一种能够传导光线的、极细而又柔软的通信媒体，一根或多根光纤组合在一起形成光缆，光缆还包括一层吸收光线的外纤。

光缆的优点是：频带极宽、传输容量大、传输速率高、误码率小、抗干扰能力强、数据保密性好、传输距离远。但光缆也存在着价格较贵、安装困难等缺点。

2. 无线信道

无线信道分为三种：微波信道、红外和激光信道、卫星信道。

1）微波信道

利用微波进行通信是比较成熟的技术，它是在对流层视线距离范围内利用无线电波进行数据传输的一种通信方式。计算机可以直接利用微波收发机进行通信，还可通过微波中继站延长通信的距离。微波信道的传输质量比较稳定，不受雨雾等天气条件的影响，但在方向性及保密性方面不及红外和激光信道。

2）红外和激光信道

红外和激光信道与微波信道一样有很强的方向性，都是沿着直线传播的。所不同的是红外和激光通信把要传输的信号分别转换为红外光信号和激光信号，直接在空间传播。

3）卫星信道

卫星通信是以人造卫星为微波中继站，属于散射式通信，它是微波信道的特殊形式。一个同步卫星可以覆盖地球表面三分之一的地区，三个这样的卫星就可以覆盖地球上的全部通信区域。卫星信道的优点是容量大、传输距离远，但一次性投资大、传播延迟时间长。

3.1.5 信道容量

信道容量（C_t）是指信道能无错误传送的最大信息率。对于只有一个信源和一个信宿的单用户信道，信道容量是一个数，单位是比特每秒或比特每符号。信道容量代表每秒或每个信道符号能传送的最大信息量，或者说小于这个数的信息率必能在此信道中无错误地传送。对于多用户信道，当信源和信宿都是两个时，它是平面上的一条封闭线。例如，坐标 R_1 和 R_2 分别是两个信源所能传送的信息率，也就是

R_1 和 R_2 落在封闭线内部时能无错误地被传送。当有 m 个信源和信宿时，信道容量将是 m 维空间中一个凸区域的外界"面"。

C_t 一定时，带宽 W 增大，信噪比 SNR 可降低，即两者是可以互换的。若有较大的传输带宽，则在保持信号功率不变的情况下，可容许较大的噪声，即系统的抗噪声能力较强。无线通信中的扩频系统就是利用了这个原理，将所需传送的信号扩频，使之远远大于原始信号带宽，以增强抗干扰的能力。

$$C_t = W\log(1+\mathrm{SNR})$$ （3-2）

3.2　现代编码技术

3.2.1　现代通信系统及编码技术

现代通信系统的结构框图如图 3-2 所示。

图 3-2　现代通信系统的结构框图

信源和信宿可以是模拟的，也可以是数字的。

信源编码有两个基本功能：一是完成模数转换，即把模拟信号转换成数字信号；二是将数字信号进行压缩处理，减小冗余，以提高信息传输的有效性。

3.2.2　信源编码

信源编码是什么？为什么要进行信源编码？对于数字通信系统而言，因为信源是模拟信号，所以信源编码主要完成把模拟信号转换成数字信号；若信源为离散信息，那么信源编码的主要任务就是将信源的离散符号变成数字代码，并尽量减少信源的冗余，以提高通信的有效性。为什么要使信源减少冗余？举例说明，如信源编码是将信息符号 T 和 F 变换成 0 和 1 或 00 和 11 等其他编码，显然 0 和 1 的编码效率最高，而用 00 和 11 编码就显得有些多余了，信道的带宽是有限的，我们当然是希望在有限的带宽内传输更多有效的信息。是不是去除越多的冗余就越好呢？凡事都有度，并不是做到极限就是最好的。比如 CD 的音质很好，但文件很大，不便于存储和下载，把它压缩为 MP3 格式后，文件虽然变小了很多，但音质也不会有所损失，这就要看实际情况，取其平衡了。如果能达到规定的质量标准，那么当然是去除冗余越多越好了。

对于前文描述的概念，这里用一个实际的例子来说明去除冗余的好处。我们国家的有线电视系统每帧图像有 625 行，每个像素均由不同成分的红、绿、蓝三基色合成，若以数字化真彩色表示，每个基色编为 8bit 码，因此，每帧图像的像素数、比特数、信息传输速率、所需信道带宽、实际信道带宽、信源都进行了压缩，电视信号压缩了这么多，但对于我们来说，收视质量还是可以接受的。所以说高质量的信源编码是既能满足通信的质量要求，又能提高通信效率的。作为信源编码之一的语音编码，其编码技术在通信系统中是很关键的，尤其在移动通信系统中，宝贵的无线资源要求每个用户占用的频段越窄越好。

3.2.3　信道编码

往往由于各种原因使得数字信号在传送的数码流中产生误码，从而使接收端产生图像跳跃、不连续、出现马赛克等现象。所以通过信道编码这一环节，对数据码流进行相应地处理，使系统具有一定的纠错能力和抗干扰能力，可极大地避免数据码流传送中误码的发生。误码的处理技术有纠错、交织、线性内插等。

提高数据传输效率、降低误码率是信道编码的任务。信道编码的本质是增加通信的可靠性。但信道编码会使有用的信息数据减少，信道编码的过程是在源数据码流中加插一些码元，从而达到在接收端进行判错和纠错的目的，这就是我们常常说的开销。

码率兼容截短卷积（RCPC）信道编码，就是一类采用周期性删除比特的方法来获得高码率的卷积码。它具有以下几个特点：

（1）截短卷积码也可以用矩阵表示，它是一种特殊的卷积码。

（2）截短卷积码的限制长度与原码相同，具有与原码同等级别的纠错能力。

（3）截短卷积码具有原码的隐含结构，译码复杂度低。

（4）改变比特删除模式，可以实现变码率的编码和译码。

由于实际信道中的噪声和干扰，发送的码字和接收的码字之间的差异称为错误。信道编码的目的是改善通信系统的传输质量，基本思想是根据一定的规则在要传输的信息码中增加一些冗余符号，以保证传输过程的可靠性。信道编码的任务是构造具有最小冗余度的"良好代码"，以获得最大的抗干扰性能。

3.3 现代调制技术

3.3.1 数字调制的基本概念

数字调制是现代通信的重要方法，它与模拟调制相比具有许多优点。数字调制具有更好的抗干扰性能、更强的抗信道损耗，以及更好的安全性。数字传输系统中可以使用差错控制技术，支持复杂信号条件和处理技术，如信源编码、加密技术及均衡等。

在数字调制中，调制信号可以表示为符号或脉冲的时间序列，其中每个符号可以有 m 种有限状态，而每个符号又可采用 n 比特来表示，用载波信号的某些离散状态来表征所传送的信息。模拟图像信号经数字化后就形成 PCM（Pulse Code Modulation）信号，也可称作数字基带信号。数字基带信号可以直接在短距离内进行传输，如要进行长距离传输，必须将 PCM 信号进行数字调制（通常是采用连续波作为载波），然后再将经调制后的信号送到信道上进行传输。这种数字调制方式称为连续波数字调制，其目标是实现在有限的信道条件下，尽量提高频谱资源的利用率，即在单位频道（赫兹）内有效地传输更多的比特信息。一般情况下，信道不能直接传输由信源产生的原始信号，信源产生的信号需要变换成适合的信号，才能在信道中进行传输。将信源产生的信号变换成适合于信道传输的信号的过程就称为调制。所谓调制是指利用要传输的原始信号去控制高频谐波或周期性脉冲信号的某个或几个参量，使高频谐波或周期性脉冲信号中的某个或几个参量随原始信号的变化而变化。要传输的原始信号称为调制信号或基带信号，用 $S(t)$ 表示；被调制的高频谐波或周期性的脉冲信号起着运载原始信号的作用，因此称为载波，用 $C(t)$ 表示；调制后所得到的其参量随 $S(t)$ 线性变化的信号则称为已调信号，用 $\varphi(t)$ 表示。调制信号可分为两种，即模拟信号和数字信号。用模拟信号控制载波参量的变化，这种调制方式称为模拟调制；用数字信号控制载波信号的参量变化，这种调制方式称为数字调制。

主要的数字调制方式包括比较传统的幅移键控（ASK）、多电平正交调幅（mQAM）、频移键控（FSK）、相移键控（PSK）和多相相移键控（mPSK），也包括近期发展起来的网格编码调制（TCM）、残留边带调制（VSB）、正交频分复用调制（OFDM）等。

3.3.2　现代数字调制技术

在 2ASK 系统中，其频带利用率是（1/2）b/s/Hz。若利用正交载波技术传输 ASK 信号，可使频带利用率提高一倍。如果再把多进制与正交载波技术结合起来，还可进一步提高频带利用率。

OFDM（Orthogonal Frequency Division Multiplexing）即正交频分复用技术，实际上是多载波调制的一种，通过频分复用实现高速串行数据的并行传输。OFDM 具有较好的抗多径衰弱的能力，能够支持多用户接入。

OFDM 由 MCM（Multi-Carrier Modulation，多载波调制）发展而来。OFDM 是多载波传输方案的实现方式之一，它的调制和解调是分别基于 IFFT 和 FFT 来实现的，是实现复杂度最低、应用最广的一种多载波传输方案。

在通信系统中，信道所能提供的带宽通常比传送一路信号所需的带宽要宽得多。如果一个信道只传送一路信号是非常浪费的，为了能够充分利用信道的带宽，就可以采用频分复用技术。

OFDM 主要思想是，将信道分成若干正交子信道，将高速数据信号转换成并行的低速子数据流，调制后的信号在每个子信道上进行传输。正交信号可以通过在接收端采用相关技术来分开，这样可以减少子信道之间的相互干扰（ISI）。每个子信道上的信号带宽小于信道的相关带宽，因此信号在每个子信道上可以看成平坦性衰落，从而可以消除码间串扰，而且由于每个子信道的带宽仅仅是原信道带宽的一小部分，信道均衡变得相对容易。

OFDM 是 HPA（HomePlug Powerline Alliance）工业规范的基础，它采用一种不连续的多音调技术，将被称为载波的不同频率中的大量信号合并成单一的信号，从而完成信号传送。由于这种技术具有在杂波干扰下传送信号的能力，因此常常会被利用在容易受外界干扰或者抵抗外界干扰能力较差的传输介质中。

通常的数字调制都是在单个载波上进行的，如 PSK、QAM 等。这种单载波的调制方法易发生码间干扰而增加误码率，而且在多径传播的环境中因受瑞利衰落的影响而会造成突发误码。若将高速率的串行数据转换为若干低速率数据流，每个低速数据流对应一个载波进行调制，组成一个多载波的同时调制的并行传输系统。这样将总的信号带宽划分为 N 个互不重叠的子通道（频带小于 Δf，N 个子通道进行正交频分多重调制，就可克服上述单载波串行数据系统的缺陷。

OFDM 频谱结构如图 3-3 所示。OFDM 系统中的各个载波是相互正交的，每个载波在一个符号时间内有整数个载波周期，每个载波的频谱零点和相邻载波的零点重叠，这样便减小了载波间的干扰。由于载波间有部分重叠，所以 OFDM 比传统的 FDMA 提高了频带利用率。在 OFDM 传播过程中，高速信号数据流通过串并变换，分配到速率相对较低的若干子信道中进行传输，每个子信道中的符号周期相对增加，这样可减少因无线信道多径时延扩展所产生的时间弥散性对系统造成的码间干扰。另外，由于引入保护间隔，在保护间隔大于最大多径时延扩展的情况下，可以最大限度地消除多径带来的符号间干扰。如果用循环前缀作为保护间隔，还可避免多径带来的信道间干扰。

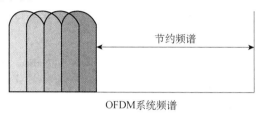

图 3-3　OFDM 频谱结构

在频分复用（FDM）系统中，整个带宽分成 N 个子频带，子频带之间不重叠，为了避免子频带间相互干扰，频带间通常增加保护带宽，但这会使频谱利用率下降。为了克服这个缺点，OFDM 采用 N 个重叠的子频带，子频带间正交，因而在接收端无须分离频谱就可将信号接收下来。

OFDM 系统的一个主要优点是正交的子载波可以利用快速傅里叶变换（FFT/IFFT）实现调制和解调。对于 N 点的 IDFT 运算，需要实施 N^2 次复数乘法，而采用常见的基于 2 的 IFFT 算法，其复数乘法仅为 log2N，可显著降低运算复杂度。

3.4　大数据与云计算技术

大数据技术是指大数据的采集、传输、处理和应用的相关技术，一系列使用非传统的工具来对大量的结构化、半结构化和非结构化数据进行处理，从而获得分析和预测结果的一系列数据处理技术。

数据库、数据仓库、数据集市等信息管理领域的技术，很大程度上也是为了解决大规模数据的问题。被誉为数据仓库之父的 Bill Inmon 早在 20 世纪 90 年代就提出了大数据的概念。无所不在的移动设备、RFID、无线传感器每分每秒都在产生数据，数以亿计用户的互联网服务时时刻刻在产生巨量的交互，需要处理的数据量太大、增长太快，而业务需求和竞争压力对数据处理的实时性、有效性又提出了更高要求，传统的常规技术手段根本无法完成。在这种情况下，提出和应用了新技术，主要包括分布式缓存、基于 MPP 的分布式数据库、分布式文件系统、各种 NoSQL 分布式存储方案等。

3.4.1　大数据处理核心技术

大数据技术被设计用于在成本可承受的条件下，通过非常快速地采集、发现和分析，从大量、多类别的数据中提取有价值的信息，它是 IT 领域新一代的技术与架构。

大数据技术面临很多传统数据处理技术不曾面对过的挑战：

（1）对现有数据库管理技术的挑战。传统的数据库部署不能处理 TB 级别的数据，也不能很好地支持高级别的数据分析，急速膨胀的数据体量即将超越传统数据库的管理能力。经典数据库技术并没有考虑数据的多类别结构化查询，在设计的一开始是没有考虑非结构化数据的。

（2）实时性的技术挑战。一般而言，对于数据仓库系统、BI 应用，对处理时间的要求并不高。因此这类应用往往短时间运行获得结果依然是可行的。而对实时处理要求的不同，是区别大数据应用和传统数据仓库技术、BI 技术的关键差别之一。

人们每天创建的数据量正呈爆炸式增长，但就数据保存而言，我们的技术改进不大，而数据丢失的可能性却不断增加。如此庞大的数据量在存储上会是一个非常严峻的问题，硬件的更新速度将是大数据发展的基石。

我们常说的大数据技术其实不是一种技术，也不是几种技术，而是若干个应对实际数据业务需求的技术家族的集合。从用途上来说，大数据技术主要可以分为大数据采集技术、大数据存储技术、大数据处理技术、数据可视化技术和数据安全技术等几类。

1. 大数据采集技术

传统的数据采集（DAQ），是指从传感器和其他待测设备等模拟和数字被测单元中自动采集非电量或者电量信号，送到上位机中进行分析、处理，是一个机电通信领域的名词

大数据采集是指在确定用户目标的基础上，针对一定范围内所有结构化、半结构化和非结构化的数据进行的采集。

传统数据采集与大数据采集的对比见表 3-1。

表 3-1　传统数据采集与大数据采集的对比

	传统数据采集	大数据采集
数据来源	来源单一，数据量相对大数据较少	来源广泛，数据量巨大
数据类型	结构单一	数据类型丰富，包括结构化、半结构化、非结构化等类型
数据处理	关系型数据库和并行数据仓库	分布式数据库

按照采集方式划分，大数据采集可以分为离线采集、实时采集、互联网采集和其他采集。

按照数据来源划分，大数据的三大主要来源是商业数据、互联网数据与物联网数据。

商业数据是指来自企业 ERP 系统、各种 POS 终端及网上支付系统等业务系统的数据，是现在最主要的数据来源。

互联网数据是指网络空间交互过程中产生的大量数据，包括通信记录及 QQ、微信、微博等社交媒体产生的数据，其数据复杂且难以被利用。互联网数据具有大量化、多样化和快速化三个特点。

数据采集的方式如下。

（1）对系统日志数据的采集。很多互联网企业都有自己的数据采集工具，多用于系统日志采集，如 Facebook 的 Scribe、Hadoop 的 Chukwa、Cloudera 的 Flume 等，这些工具均采用分布式架构，能满足每秒数百 MB 的系统日志数据采集和传输需求。

（2）对非结构化数据的采集。非结构化数据的采集就是针对所有非结构化的数据进行采集，包括企业内部数据的采集和网络数据的采集等。

企业内部数据的采集是指对企业内部格式互不兼容的各种文档、视频、音频、邮件、图片等数据的采集。

网络数据采集是指通过网络爬虫或网站公开 API 等方式从网站上获取相关网页内容的过程，并从中抽取出用户所需要的属性内容。

网络爬虫是一种按照一定的规则，自动地抓取万维网信息的程序或者脚本。

（3）其他数据采集方式。对于企业生产经营数据或科学研究数据等保密性要求较高的数据，可以通过与企业或研究机构合作，使用特定系统接口等相关方式来采集数据。

2. 大数据存储技术

大数据面临的存储问题首要就是存储规模大。大数据的一个显著特征就是数据量大，起始计量单位至少是 PB，甚至会采用更大的单位 EB 或 ZB，导致存储规模相当大。另外一个难题就是数据种类和来源多样化，存储管理复杂。目前，大数据主要来源于搜索引擎、电子商务、社交网络、音视频、在线服务、个人数据业务、地理信息系统、传统企业、公共机构等方面。因此数据种类众多，可以是结构化、半结构化和非结构化的数据，不仅使原有的存储模式无法满足存储需求，还导致存储管理更加复杂。大数据存储对数据的种类和数据服务的水平要求较高。大数据的价值密度相对较低，以及数据数量增长速度快、处理速度快、时效性要求高，在这种情况下如何结合实际的业务，有效地组织管理、存储这些数据，以能从浩瀚的数据中挖掘更深层次的数据价值，是亟待解决的问题。

大规模的数据资源蕴含着巨大的社会价值，有效管理数据，对国家治理、社会管理、企业决策、个人生活和学习将带来巨大的作用和影响，因此在大数据时代，必须解决海量数据的高效存储问题。

因为大数据具有数据体量巨大、数据类型复杂、处理速度快等特点，大数据的存取技术主要采用分布式存储架构，以方便提高数据存储的速度，扩大吞吐量，满足实时性，并实现不同类型数据的存取。分布式存储主要有以下三种实现方法。

（1）分布式块存储：将分布式的大量服务器硬盘经过分布式块存储变成统一的逻辑硬盘，再按逻辑卷分给虚拟机。

（2）分布式文件存储：将大文件切分成多个小文件块，并将小文件块分布存储在服务器节点上，基于元数据服务器控制各个数据节点，适合于大数据文件的存储和处理，存储与计算一体化。

（3）分布式对象存储：扁平化，文件之间没有层级或类型关系，适合于各种大小的海量文件基于互联网在线存储、访问和备份，如云存储服务等。

3．大数据处理技术

大数据处理又称大数据加工处理，是对多样化的大数据进行加工、处理、分析、挖掘，产生新的业务价值，发现业务发展方向，提供业务决策依据的过程。

大数据处理依赖处理框架和处理引擎，处理框架和处理引擎负责对数据系统中的数据进行计算。虽然"引擎"和"框架"之间的区别没有严格界定，但大部分时候可以将前者定义为实际负责处理数据操作的组件，后者则可定义为承担类似作用的一系列组件。例如，Apache Hadoop 可以看作是一种以 MapReduce 作为默认处理引擎的处理框架。引擎和框架通常可以相互替换或同时使用。例如，另一个框架

Apache Spark 可以纳入 Hadoop 并取代 MapReduce。组件之间的这种互操作性是大数据系统灵活性高的原因之一。通过对数据执行操作来提高理解能力，揭示出数据蕴含的模式，并针对复杂互动性问题获得见解。

为了简化对这些组件的讨论，我们可通过分析不同处理框架的设计意图，按照所处理的数据状态对其进行分类。一些系统可以用批处理方式处理数据，一些系统可以用流方式处理连续不断流入系统的数据。此外，还有一些系统可以同时处理这两类数据。

不同类型的处理系统介绍如下。

1）批处理系统

批处理操作主要针对大容量静态数据集，并在计算过程完成后返回结果。批处理模式中使用的数据集通常符合有界（数据的有限集合）、持久（数据通常存储在某种类型的持久存储设备中）和大量（批处理操作通常是处理海量数据集的唯一方法）三个特征。

批处理非常适合需要访问全套记录才能完成的计算工作。例如在计算总数和平均数时，必须将数据集作为一个整体加以处理，而不能将其视作多条记录的集合。这些操作要求在进行计算的过程中数据维持已有的状态。

需要处理大量数据的任务通常最适合用批处理操作进行处理。无论直接从持久存储设备处理数据集，还是先将数据集载入内存再进行处理，批处理系统在设计过程中就已经充分考虑了数据的量，可提供充足的处理资源。由于批处理系统在应对大量持久数据方面的表现极为出色，因此经常被用于对历史数据进行分析。

大量数据的处理需要付出大量时间，因此批处理系统不适合对处理时间要求较高的场合。

Hadoop：一种专用于批处理的处理框架。Hadoop 是首个在开源社区获得极大关注的大数据框架，其技术架构如图 3-4 所示。基于谷歌有关海量数据处理所发表的多篇论文与经验的 Hadoop 重新实现了相关算法和组件堆栈，让大规模批处理技术变得更易用。新版 Hadoop 包含多个组件，即多个层，通过配合使用可处理批量数据。

HDFS：一种分布式文件系统层，可对集群节点间的存储和复制进行协调。HDFS 确保了无法避免的节点故障发生后数据依然可用，可将其用作数据来源，可用于存储中间态的处理结果，并可存储计算的最终结果。

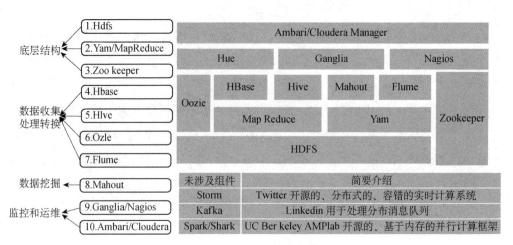

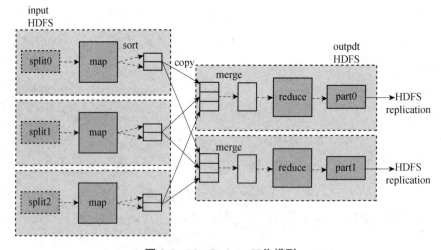

图 3-4 Hadoop 技术架构

YARN：是 Yet Another Resource Negotiator（另一个资源管理器）的缩写，可充当 Hadoop 堆栈的集群协调组件。该组件负责协调并管理底层资源和调度作业的运行。通过充当集群资源的接口，YARN 使得用户能在 Hadoop 集群中使用运行更多类型的工作负载。

MapReduce：是 Hadoop 的原生批处理引擎。

Hadoop 的处理功能来自 MapReduce 引擎。MapReduce（其工作模型见图 3-5）的处理技术符合使用键值对的 map、reduce 算法要求，基本处理过程包括数据读取、数据拆分、分布式计算、中间结果组合、最终结果输出等步骤。

图 3-5　MapReduce 工作模型

在后面章节中将进一步介绍 HDFS、MapReduce 和 YARN，在这里只需要了解由于上述三种处理框架严重依赖持久存储设备，每个任务需要多次执行读取和写入操作，因此速度相对较慢。同时，由于磁盘空间通常是服务器上最丰富的资源，这意味着 MapReduce 可以处理非常海量的数据集；也意味着相比其他类似技术，MapReduce 通常可以在低性能硬件上运行，因为该技术并不需要将一切都存储在内存中。

围绕 Hadoop 已经形成了辽阔的生态系统，Hadoop 集群本身也经常被用作其他软件的组成部件。很多其他处理框架和引擎通过与 Hadoop 集成也可以使用 HDFS 和 YARN 资源管理器。

2）流处理系统

流处理系统会对随时进入系统的数据进行计算，相比批处理操作，这是一种截然不同的处理方式。流处理方式无须针对整个数据集执行操作，而是对通过系统传输的每个数据项执行操作。流处理中的数据集是"无边界"的，这就产生了以下两个重要的影响。

- 完整数据集只能代表截至目前已经进入系统中的数据总量。
- 工作数据集也许更相关，在特定时间只能代表某个单一数据项。

处理工作是基于事件的，除非明确停止，否则没有"尽头"。处理结果立刻可用，并会随着新数据的到来继续更新。

流处理系统可以处理几乎无限量的数据，但同一时间只能处理一条（真正的流处理）或少量（微批处理）数据，不同记录间只维持最少量的状态。虽然大部分系统提供了用于维持某些状态的方法，但流处理主要针对副作用更少、更加功能性的处理进行优化。

功能性操作主要侧重于状态或副作用有限的离散步骤。针对同一个数据执行同一个操作（或略含其他因素）会产生相同的结果，此类处理非常适合流处理，因为不同项的状态通常是某些困难、限制，以及某些情况下不需要的结果的结合体。因此，虽然某些类型的状态管理通常是可行的，但这些框架通常在不具备状态管理机制时更简单也更高效。

Apache Storm 是一种侧重于极低延迟的流处理框架，也许是要求近实时处理的工作负载的最佳选择。该技术可处理非常大量的数据，通常比其他解决方案具有更小的延迟。

Storm 的流处理可对框架中名为 Topology（拓扑）的 DAG（Directed Acyclic Graph，有向无环图）进行编排。这些拓扑描述了当数据片段进入系统后，需要对每个输入的片段执行不同的转换或步骤。拓扑包含以下几个部分。

- Stream：普通的数据流，这是一种会持续输入系统的无边界数据。
- Spout：位于拓扑边缘的数据流来源，例如可以是 API 或查询等，从这里可以产生待处理的数据。

● Bolt：代表需要消耗流数据，对其进行操作，并将结果以流的形式进行输出的处理步骤。Bolt 需要与每个 Spout 建立连接，随后相互连接以组成所有必要的处理。在拓扑的尾部，可以使用最终的 Bolt 输出作为相互连接的其他系统的输入。

Storm 背后的想法是使用上述组件定义大量小型的离散操作，随后将多个组件组成所需拓扑。默认情况下，Storm 提供了"至少一次"的处理保证，这意味着可以确保每条消息至少可以被处理一次，但某些情况下如果遇到失败可能会处理多次。Storm 无法确保可以按照特定顺序处理消息。Storm 数据在组件中的流向图如图 3-6 所示。

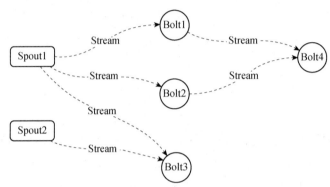

图 3-6　Storm 数据在组件中的流向图

为了实现严格的一次处理，即有状态处理，可以使用一种名为 Trident 的抽象。严格来说，不使用 Trident 的 Storm 通常可称之为 Core Storm。Trident 会对 Storm 的处理能力产生极大影响，会增加延迟，为处理提供状态，使用微批模式代替逐项处理的纯粹流处理模式。

为避免这些问题，通常建议 Storm 用户尽可能使用 Core Storm。然而也要注意，Trident 对内容严格的一次处理保证在某些情况下也比较有用，例如系统无法智能地处理重复消息时。如果需要在项之间维持状态，例如想要计算一个小时内有多少用户点击了某个链接，此时 Trident 将是唯一的选择。尽管不能充分发挥框架与生俱来的优势，但 Trident 提高了 Storm 的灵活性。Trident 拓扑包含以下几个部分。

● 流批（Stream batch）：是指流数据的微批，可通过分块提供批处理语义。

● 操作（Operation）：是指可以对数据执行的批处理过程。

目前，Storm 可能是近实时处理领域的最佳解决方案，该技术可以极低延迟地处理数据，可用于希望获得最低延迟的工作负载。如果处理速度直接影响用户体验，例如需要将处理结果直接提供给访客以打开网站页面，此时 Storm 将会是一个很好的选择。

Storm 与 Trident 配合使得用户可以用微批代替纯粹的流处理。虽然借此用户可以获得更大的灵活性，打造更符合要求的工具，但这种做法也会削弱该技术相比其他解决方案的最大优势。

Core Storm 无法保证消息的处理顺序。Core Storm 为消息提供了"至少一次"的处理保证，这意味着可以保证每条消息都能被处理，但也可能发生重复。Trident 提供了严格的一次处理保证，可以在不同批之间提供顺序处理，但无法在一个批内部实现顺序处理。

在互操作性方面，Storm 可与 Hadoop 的 YARN 进行集成，因此可以很方便地融入现有的 Hadoop 部署。除了支持大部分处理框架，Storm 还支持多种语言，为用户的拓扑定义提供了更多选择。

3）混合处理系统

一些处理框架可同时处理批处理和流处理工作负载。这些框架可以用相同或相关的组件和 API 处理两种类型的数据，借此使不同的处理需求得以简化。虽然侧重于某一种处理类型的项目会更好地满足具体用例的要求，但混合框架意在提供一种数据处理的通用解决方案。这种框架不仅可以提供处理数据所需的方法，而且提供了自己的集成项、库、工具，可胜任图形分析、机器学习、交互式查询等多种任务。

Apache Spark 是一种包含流处理功能的下一代批处理框架，其构架如图 3-7 所示。由 Hadoop 的 MapReduce 引擎基于各种相同原则开发而来的 Spark 主要侧重于通过完善的内存计算和处理优化机制加快批处理工作负载的运行速度。

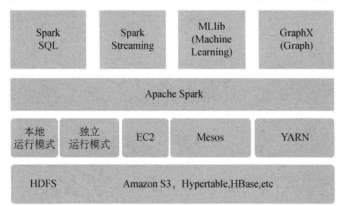

图 3-7　Apache Spark 架构

Spark 可作为独立集群部署（需要相应存储层的配合），或可与 Hadoop 集成并取代 MapReduce 引擎。

与 MapReduce 不同，Spark 的数据处理工作全部在内存中进行，只在一开始将数据读入内存，以及将最终结果持久存储时需要与存储层交互，所有中间态的处理结果均存储在内存中。

在内存中的处理方式可大幅改善性能，Spark 在处理与磁盘有关的任务时速度也有很大提升，因为通过提前对整个任务集进行分析可以实现更完善的整体式优化。为此 Spark 可创建代表所需执行的全部操作、需要操作的数据，以及操作和数据之间关系的 Directed Acyclic Graph（DAG，有向无环图），借此处理器可以对任务进行更智能地协调。

为了实现在内存中批计算，Spark 会使用一种名为 Resilient Distributed Dataset（RDD，弹性分布式数据集）的模型来处理数据。这是一种代表性的数据集，只位于内存中，具有永恒不变的结构。针对 RDD 执行的操作可生成新的 RDD。每个 RDD 可通过世系（Lineage）回溯至父级 RDD，并最终回溯至磁盘上的数据。Spark 可通过 RDD 在无需将每个操作的结果写回磁盘的前提下实现容错。

Spark 的流处理能力是由 Spark Streaming 实现的。Spark 本身在设计上主要面向批处理工作负载，为了弥补引擎设计和流处理工作负载特征方面的差异，Spark 衍生出微批（Micro-batch）的概念。在具体策略方面该技术可以将数据流视作一系列非常小的"批"，借此即可通过批处理引擎的原生语义进行处理。Spark Streaming 会以亚秒级增量对流进行缓冲，随后这些缓冲会作为小规模的固定数据集进行批处理。这种方式的实际效果非常好，但相比真正的流处理框架在性能方面依然存在不足。

使用 Spark 而非 Hadoop MapReduce 的主要原因是速度。在内存计算策略和先进的 DAG 调度等机制的帮助下，Spark 可以用更快的速度处理相同的数据集。Spark 的另一个重要优势在于多样性。该产品可作为独立集群部署，或与现有 Hadoop 集群集成。Spark 可运行批处理和流处理，运行一个集群即可处理不同类型的任务。除了引擎自身的能力外，围绕 Spark 还建立了包含各种库的生态系统，可为机器学习、交互式查询等任务提供更好的支持。相比 MapReduce，Spark 任务更是"众所周知"地易于编写，因此可大幅提高生产力。

4. 数据可视化技术

大数据处理后可利用云计算、标签云和关系图等呈现数据，这个过程叫作数据可视化。数据可视化主要旨在借助于图形化手段，清晰有效地传达与沟通信息。但是，这并不就意味着数据可视化就一定因为要实现其功能用途而令人感到枯燥乏味，或者是为了看上去绚丽多彩而显得极端复杂。为了有效地传达思想观念，美学形式与功能需要齐头并进，通过直观地传达关键的方面与特征，从而实现对于相当稀疏而又复杂的数据集的深入洞察。然而，设计人员往往并不能很好地把握设计与功能之间的平衡，从而创造出华而不实的数据可视化形式，无法达到其主要目的，也就是传达与沟通信息。

数据可视化与信息图形、信息可视化、科学可视化及统计图形密切相关。当前，在研究、教学和开发领域，数据可视化乃是一个极为活跃而又关键的方向。"数据可视化"术语实现了成熟的科学可视化领域与较年轻的信息可视化领域的统一。

5. 大数据安全技术

大数据安全技术主要解决从大数据环境下的数据采集、存储、分析、应用等过程中产生的诸如身份验证、授权过程和输入验证等大量安全问题。由于在数据分析、挖掘过程中涉及企业各业务的核心数据，防止数据泄露，控制访问权限等安全措施在大数据应用中尤为关键。

3.4.2 大数据主要工具简介

下面介绍国内外部分大数据工具。

1. Scribe

Scribe 是 Facebook 开源的日志收集系统，在 Facebook 内部已经得到大量的应用。它能够从各种日志源上收集日志，存储在一个中央存储系统（可以是 NFS、分布式文件系统等）中，以便于进行集中统计和分析处理。它为日志的"分布式收集，统一处理"提供了一个可扩展的、高容错的方案。

Scribe 的架构（见图 3-8）比较简单，主要包括三部分，分别为 Scribe Agent、Scribe Ugenl 和存储系统。

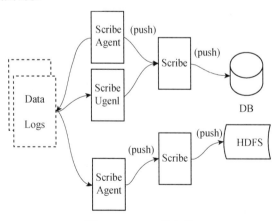

图 3-8 Scribe 的架构

Scribe Agent 实际上是一个 Thrift Client。Thrift Client 是由 Facebook 为"大规模跨语言服务"而开发的一种接口描述语言和二进制通信协议，被用于定义和创建跨语言的服务。在很多涉及网络的应用中，Thrift Client 被当作一个远程过程调用（RPC）框架来使用。Scribe Agent 利用 Thrift Client 可以将数据发送到 Scribe，这也是向 Scribe 发送数据的唯一方法。Scribe 接收到 Thrift Client 发送来的数据，再根据配置文件，利用 Thrift Client 接口将不同 Topic 的数据发送给不同的存储系统服务器进行存储。在 Scribe 中，将存储系统称为 Store。Scribe 支持多种 Store，包括 file（文件）、buffer（双层存储，个主存储，一个副存储）、network（另一个 Scribe 服务格）、bucket（包含多个 Store，通过 HASH 将数据保存在不同 Store 中）、null（忽略数据）、Thriftfile（写到一个 ThrifitFileTransport 文件中）和 multi（把数据同时保存在不同 Store 中）。

2. Chukwa

Chukwa 是一个开源的用于监控大型分布式系统的数据收集系统。Chukwa 是构建在 Hadoop 的 HDFS 和 MapReduce 框架之上的，继承了 Hadoop 的可伸缩性和件棒性。Chukwa 还包含了一个强大和灵活的工具集，可用于展示、监控和分析已收集的数据。

Chukwa 结构图如图 3-9 所示。Chukwa 的基本流程是，Agent 负责采集数据并传送给 Collector，Collector 收集 Agent 采集的数据并定时写入集群中；MapReduce Jobs 定时启动，负责把集群中的数据分类、排序、去宜和合并。Chukwa 主要有以下设计目标：

①架构清晰，能够快速部署；

②收集的数据类型广泛，具有高扩展性；

③与 Hadoop 无缝集成，能完成海量数据的收集与整理。

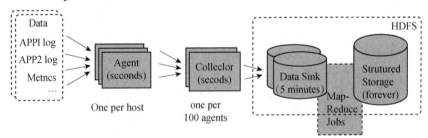

图 3-9　Chukwa 结构图

3. Flume

Flume 是 Cloudera 提供的一个高可用、高可靠、分布式的海量日志采集、聚合和传输的系统，可用于从不同来源的系统中采集、汇总和传输大容量的日志数据到指定的数据存储中。Flume 支持的采集数据源包括 console、RPC（Thrift-RPC）、text（文件）、tail（UNIX tail）、syslog（syslog 日志系统，支持 TCP 和 UDP 两种模式）、

exec（命令执行）等，支持的数据接受方包括 console、text（文件）、DFS（HDFS 文件）、RPC（Thrift-RPC）和 syslogTCP（TCP syslog 日志系统）等。Flume 初始版本被称为 Flume OG，属于 Cloudera，2011 年重构后纳入 Apache 旗下，改名 Flume NG（Next Generation）。

Flume NG 作为实时日志收集系统，支持在日志系统中定制各类数据发送方，用于收集数据；同时，对数据进行简单处理，并存储至各种数据接收方（比如文本、HDFS、Hbase 等）。Flume NG 采用的是三层架构：Agent 层、Collector 层和 Store 层，每一层均可水平拓展。其中，Agent 包含 Source、Channel 和 Sink，如图 3-10 所示。Source 用来消费（收集）数据源到 Channel 组件中，Channel 作为中间临时存储，保存所有 Source 的组件信息，Sink 从 Channel 中读取数据，读取成功之后会删除 Channel 中的信息。

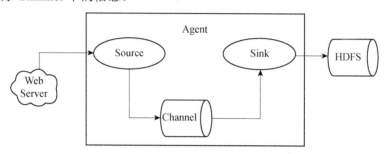

图 3-10　Flume NG 架构

4. Hive

Hive 是基于 Hadoop 构建的一套数据仓库分析系统。Hive 提供了分析存储在 Hadoop 分布式文件系统中的数据的功能：可以将结构化的数据文件映射为一张数据库表，并提供完整的 SQL 查询功能；可以将 SQL 语句转换为 MapReduce 任务运行，通过 SQL 分析需要的内容。这套 SQL 简称 Hive SQL，使不熟悉 MapReduce 的用户可以很方便地利用 SQL 进行数据查询、汇总和分析。而 MapReduce 开发人员可以将自己编写的 Mapper 和 Reducer 作为插件来支持 Hive 做更复杂的数据分析。Hive 还提供了一系列的工具进行数据提取、转化和加载，用来存储、查询和分析存储在 Hadoop 中的大规模数据集，并支持 UDF（User-Defined Function）、UDAF（User-Defnes AggregateFunction）和 USTF（User-Defined Table-Generating Function）；还可以实现对 map 和 reduce 函数的定制，为数据操作提供了良好的伸缩性和可扩展性。

Hive 构建在基于静态批处理的 Hadoop 之上，Hadoop 通常都有较高的延迟并且在作业提交和调度时需要大量的开销。因此，Hive 并不能够在大规模数据集上实现低延迟快速查询。例如，Hive 在几百 MB 的数据集上执行查询一般有分钟级的时间延迟。

因此，Hive 并不适合那些需要低延迟的应用。例如，联机事务处理（OLTP）。Hive 查询操作过程严格遵守 Hadoop Map Reduce 的作业执行模型，Hive 将用户的 HiveQL 语句通过解释器转换为 Map Reduce 作业提交到 Hadoop 集群上，Hadoop 监控作业执行过程，然后返回作业执行结果给用户。Hive 并非为联机事务处理而设计，Hive 并不提供实时的查询和基于行级的数据更新操作。hive 的最佳使用场合是大数据集的批处理作业，例如网络日志分析。

5. NDC

NDC 为 Netease Data Canal 缩写，即网易数据通道系统，是网易针对结构化数据库的数据实时迁移、同步和订阅的平台化解决方案。

在 NDC 之前，主要通过自主开发工具或开源软件工具来满足异构数据库实时迁移和同步的需求，随着云计算和公司业务的大力推进，网易公司内部，尤其是运维团队开始对数据迁移工具的可用性、易用性及其他多样化功能提出了更多要求和挑战，NDC 平台化解决方案便应运而生。NDC 的构建快速整合了之前在结构化数据迁移领域的积累，于 2016 年 8 月正式立项，同年 10 月就已上线开始为网易的各大产品线提供在线数据迁移和同步服务。

业界中与 NDC 类似的产品有阿里云的 DTS、阿里开源产品 DataX 和 Canal、Twitter 的 Databus，在传统领域有 Oracle 的 GoldenGate、开源产品 SymmetricDS。从产品功能、成熟度来看，NDC 与 DTS 最为相似，都具有简、快、全三大特性。

简，使用简单，有平台化的 Web 管理工具，配置流程简洁易懂。

快，数据同步、迁移和订阅速度快，执行高效，满足互联网产品快速迭代的需求。

全，功能齐全，NDC 支持多种常用的异构数据库，包括 Oracle、MySQL、SQLServer、DB2、Postgre SQL 及网易分布式数据库 DDB。除了可以满足不同数据库之间在线数据迁移、实时同步外，NDC 还可以实现从数据库到多种 OLAP 系统的实时数据同步和 ETL。另外，NDC 支持对数据库进行数据订阅，通过将数据库的增量数据丢入消息队列，使应用端可以自由地消费数据库的实时增量数据，从而实现由数据驱动业务到复杂业务之间的调用解耦。图 3-11 所示为 NDC 分布式数据迁移解决方案。

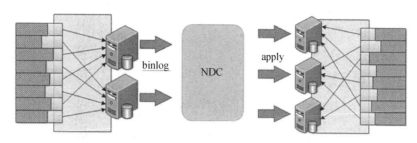

图 3-11　NDC 分布式数据迁移解决方案

6. Mongo DB

Mongo DB 是一个高性能、开源、无模式的文档型数据库，其开发语言是 C++。它在许多场景下可用于替代传统的关系型数据库或键/值存储方式。Mongo DB 是目前最流行的大数据数据库之一，因为它是一个介于关系数据库和非关系数据库之间的产品，是非关系数据库中功能最丰富、最像关系数据库的产品。Mongo DB 适用于管理经常出现非结构化数据或频繁更改数据的大数据系统。

7. Zookeeper

Zookeeper 是一个分布式的、开放源码的分布式应用程序，提供了数据同步服务。它的功能主要有配置管理、名字服务、分布式锁和集群管理。配置管理是指在一处修改了配置，那么对这处的配置感兴趣的所有数据都可以获得变更，省去了手动拷贝配置的烦琐，还很好地保证了数据的可靠性和一致性。同时，Zookeeper 可以通过名字来获取资源或者服务的地址等信息，可以监控集群中机器的变化，实现了类似于心跳机制的功能。

8. Yarn

Yarn 是一个 Hadoop 资源管理器，可为上层应用提供统一的资源管理和调度，它的引入为集群在利用率、资源统一管理和数据共享等方面带来了巨大好处。Yarn 相当于一个分布式的操作系统平台，而 Mapreduce 等运算程序则相当于运行于操作系统之上的应用程序。

Yarn 的基本设计思想是将 MRv1 中的 JobTracker 拆分成两个独立的服务：全局的资源管理器 Resource Manager 和每个应用程序特有的 ApplicationMaster。

（1）Resource Manager 是一个全局的资源管理器，负责整个系统的资源管理和分配。它主要由调度器（Scheduler）和应用程序管理器（Applications Manager，ASM）两个组件构成。调度器根据容量、队列等限制条件，将系统中的资源分配给各个正在运行的应用程序。资源分配单位用一个抽象概念"资源容器"（Resource Container，简称 Container）表示。ASM 负责管理整个系统中所有应用程序，包括应用程序提交、与调度器协商资源以启动 Application Master、监控 Application Master

运行状态并在失败时重新启动它等。

（2）Application Master：用户提交的每个应用程序均包含 1 个 Application Master，主要功能包括：

①与 Resource Manager 调度器协商以获取资源；

②将得到的任务进一步分配给内部的任务；

③与 Node Manager 通信以启动/停止任务；

④监控所有任务的运行状态，并在任务运行失败时重新为任务申请资源以重启任务。

（3）Node Manager 是每个节点上的资源和任务管理器。一方面，它会定时地向 Resource Manager 汇报本节点上的资源使用情况和各个 Container 的运行状态；另一方面，它接收并处理来自 Application Master 的 Container 启动/停止等各种请求。

（4）Container 是 Yarn 中的资源抽象，它封装了某个节点上的多维度资源，如内存、CPU、磁盘、网络等。Resource Manager 为 Application Master 返回的资源用 Container 表示。YARN 会为每个任务分配一个 Container，且该任务只能使用该 Container 中描述的资源。

3.4.3 云计算处理核心技术

云计算系统运用了很多技术，其中以编程模型、数据治理技术、数据存储技术、虚拟化技术、云计算平台治理技术最为关键。

1. 编程模型

作为一种新兴的计算模式，云计算以互联网服务和应用为中心，其背后是大规模集群和海量数据，新的场景需要新的编程模型来支撑。在云计算场景下，新的编程模型要能够方便快速地分析和处理海量数据，并提供安全、容错、负载均衡、高并发和可伸缩性等机制。

为了能够低成本、高效率地处理海量数据，主要的互联网公司都在大规模集群系统基础之上研发了分布式编程系统，使开发人员可以将精力集中于业务逻辑上，不用关注分布式编程的底层细节和复杂性，从而降低开发人员编程处理海量数据并充分利用集群资源的难度。下面介绍两种通用的云计算编程模型。

1）Map Reduce

Map Reduce 是一个软件框架，基于该框架能够很容易地编写应用程序，这些应用程序能够运行在由上千个商用机器组成的大集群上，并以一种可靠的、具有容错功能的方式并行地处理 TB 级别的海量数据集。

Map Reduce 擅长处理大数据，Map Reduce 的思想就是"分而治之"。Map Reduce 框架中有两个重要的组成部分，即 Mapper 和 Reducer。

Mapper 负责"分"，即把复杂的任务分解为若干个"简单的任务"来处理。"简单的任务"包含三层含义：一是数据或计算的规模相对原任务应大大缩小；二是就近计算原则，即任务会分配到存放着所需数据的节点上进行计算；三是这些小任务可以并行计算，彼此间几乎没有依赖关系。

Reducer 负责对 Map 阶段的结果进行汇总。至于需要多少个 Reducer，用户可以根据具体问题，在配置文件中设置。MapReduce 运算流程如图 3-12 所示。

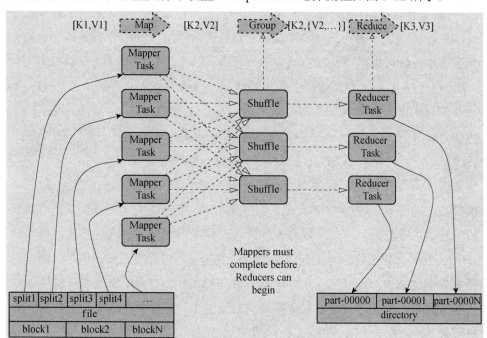

图 3-12　Map Reduce 运算流程

2）Dryad

Dryad 是 Microsoft 设计并实现的允许程序员使用集群或数据中心计算资源的数据并行处理编程系统。Dryad 的核心数据模型由 Vertex 计算节点和 Channel 数据通道两部分组成，用户通过实现自定义的 Vertex 节点来执行定制的运算逻辑，而节点之间通过各种形式的数据通道传输数据，用户的运算逻辑本身通常是顺序执行的，而与分布式相关的逻辑则由 Dryad 框架来实现。Dryad 系统架构框图如图 3-13 所示。

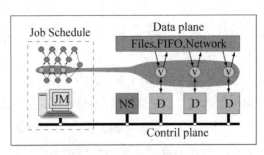

图 3-13　Dryad 系统架构框图

从概念上讲，一个应用程序可表示为一个有向无环图（Directed Acyclic Graph，DAG）。其中，顶点表示计算，应用开发人员针对顶点编写串行程序，顶点之间的边表示数据通道，用来传输数据，可采用文件、TCP 管道和共享内存的 FIFO 等数据传输机制。Dryad 类似 UNIX 中的管道。如果把 UNIX 中的管道看成一维，即数据流动是单向的，每步计算都是单输入单输出，整个数据流是一个线性结构，那么 Dryad 可以看成是二维的分布式管道，一个计算顶点可以有多个输入数据流，处理完数据后，可以产生多个输出数据流，一个 Dryad 作业是一个 DAG。

从整体的概念来说，Dryad 和 Map Reduce 十分相似，所不同的是 Map Reduce 的用户逻辑分为 Map 和 Reduce 两个阶段，在 Dryad 中就只有不分阶段的 Vertex 一个概念。这一点恰恰就是 Dryad 与 Map Reduce 区别的关键。

从用户使用的角度来看，Map Reduce 强制定义了 Map 和 Reduce 两个阶段，以及两阶段之间的数据输入/输出格式。用户程序通过套用这种模型来抽象自身的运算逻辑，带来的好处是，简化了用户编程接口，降低编程难度，同时在这种模型的基础上 MapReduce 框架可以自动完成各种调度优化和容错处理工作。但是，固定的编程模型自然也就在一定程度上限制了它的通用性。比如，MR 模型中所有的计算节点只能接受统一格式的一组输入数据，也只能输出一组数据，无论是否需要，用户逻辑都必须由匹配的 Map 和 Reduce 阶段组成。

为了具备更好的通用性，Dryad 从模型上不区分运算阶段，从框架的角度也不定义各个计算节点之间的数据交换格式，而是由具体的需要相互通信的计算节点自己处理数据的格式兼容问题。这样做在一定程度上增加了用户的编程难度，但是带来的好处也是显而易见的，就是更加灵活的编程模型。

3）Pregel

Pregel 是 Google 提出的一个面向大规模图计算的通用编程模型。许多实际应用中都涉及大型的图算法，典型的如网页链接关系、社交关系、地理位置图、科研论文中的引用关系等，有的图规模可达数十亿的顶点和上万亿的边。Pregel 编程模型就是对这种大规模图进行高效计算而设计的。

Pregel 的设计思想来自美国哈佛大学教授 Leslie Valiant 在 1990 年提出的 BSP（Bluk Synchronous Parallel）模型。BSP 模型包括三部分：BSP 机器模型、BSP 计算模型和 BSP 代价模型。其中，BSP 计算模型采用单程序多数据（SPMD）的执行方式。BSP 计算模型由一组处理单元和一系列连续的超级步（Superstep）组成。在每个超级步内，每个处理单元并发地执行本地计算，并向其他的处理单元发送消息，在一个超级步结束时有一个全局的同步操作。

具体而言，Pregel 由一系列的迭代（超级步）组成，在每个超级步中，计算框架会调用顶点上的用户自定义的 compute 函数，这个过程是并行执行的。compute 函数定义了在一个顶点 V 及一个超级步 S 中需要执行的操作。该函数可以读入前一超级步 S-1 中发送来的消息，然后将消息发送给在下一超级步 S+1 中处理的其他顶点，并且在此过程中修改 V 的状态及其出边的状态，或者修改图的拓扑结构。消息通过顶点的出边发送，但一个消息可以送到任何已知 ID 的特定顶点。这种模式非常适合分布式实现：顶点的计算是并行的；没有限制每个超级步的执行顺序，所有的通信都仅限于 S 到 S+1 之间。

Pregel 是一个以顶点为中心的模型，边在这种模型中并不是第一类对象，在边上没有相应的计算。

Pregel 编程模型的输入是一个有向图，其中顶点有一个可以唯一标识的字符串 ID，有向边包含源顶点和目标顶点的信息，顶点和有向边都允许用户自定义一些可修改的值。

一个典型的 Pregel 计算过程包括以下步骤：读取输入，初始化该图，一系列由全局同步点分隔的超级步，算法结束，输出结果。

每个顶点通过"Vote to halt"的方式说明计算结束。在超级步 0 中，所有顶点都会被初始化为活动（Active）状态。每个活动的顶点都会在某一次的超级步中被计算。完成计算任务后，顶点将自身设置为非活动状态。除非该顶点收到一个其他超级步发送的消息，否则 Pregel 模型将不会在接下来的超级步中再计算该顶点。如果顶点接收到消息，该消息将该顶点重新置为活动状态，那么在随后的计算中该顶点必须再次将自身置为非活动状态。

整个计算在所有顶点都达到非活动状态，并且没有消息再传送的时候结束。这种简单的状态机制如图 3-14 所示。

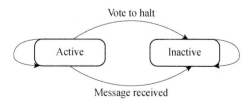

图 3-14 顶点状态机制

Pregel 选择消息传递模式主要基于以下两点考虑：一，消息传递应有足够高效的表达能力；二，性能原因，通过异步和批量的方式传递消息，该模式可以缓解集群环境中远程读取的延迟。

Pregel 的接口非常简单，只需要继承 Vertex 类并重写虚函数 compute（）即可，其中参数 msgs 为其他顶点发送来的消息。Pregel 在 Googel 的 Page Rank 中有所应用。开源的 Apache Hama 采用了类似的思想。

4）All-Pairs

All-Pairs 是从科学计算类应用中抽象出来的一种编程模型。从概念上讲，All-Pairs 解决的问题可以归结为求集合 A 和集合 B 的笛卡儿积。All-Pairs 模型典型应用场景是比较两个图片数据集中任意两张图片的相似度。典型的 All-Pairs 计算包括四个阶段：首先对系统建模求最优的计算节点个数；随后向所有的计算节点分发数据集；接着调度任务到响应的计算节点上运行；最后收集计算结果。

在通用编程模型的基础上，还发展出了很多高级编程模型，例如建立在 Map Reduce 基础上的 Sawzall、Flume Java 和 Pig Latin，结合了 Dryad 和查询语言 LINQ 的 Dryad LINQ 等。

2. 海量数据分布存储技术

为保证高可用、高可靠和经济性，云计算采用分布式存储的方式来存储数据，采用冗余存储的方式来保证存储数据的可靠性，即为同一份数据存储多个副本。另外，云计算系统需要同时满足大量用户的需求，并行地为大量用户提供服务。因此，云计算的数据存储技术必须具有高吞吐率和高传输率的特点。

当前主流分布式文件系统有 Red Hat 的 GFS（Global File System）、IBM 的 GPFS、Sun 的 Lustre 等。这些系统通常用于高性能计算或大型数据中心，对硬件设施要求较高。以 Lustre 文件系统为例，它只对元数据管理器 MDS 提供容错解决方案，而对于具体的数据存储节点 OST 来说，则依赖其自身来解决容错的问题。例如，Lustre 推荐 OST 节点采用 RAID 技术或 SAN 存储区域网来容错，但由于 Lustre 自身不能提供数据存储的容错，一旦 OST 发生故障就无法恢复，因此对 OST 的稳定性就提出了相当高的要求，从而大大增加了存储的成本，而且成本会随着规模的扩大线性增长。

Google GFS 的新颖之处在于它采用廉价的商用机器构建分布式文件系统，同时将 GFS（其系统结构见图 3-15）的设计与 Google 应用的特点紧密结合，简化实现，使之可行，最终达到创意新颖、有用、可行的完美组合。GFS 将容错的任务交给文件系统完成，利用软件的方法解决系统可靠性问题，使存储的成本成倍下降。GFS 将服务器故障视为正常现象，并采用多种方法，从多个角度，使用不同的容错措施，确保数据存储的安全，并保证提供不间断的数据存储服务。现在云计算系统中广泛使用的数据存储系统是 Google 的 GFS 和 Hadoop 团队开发的 HDFS。

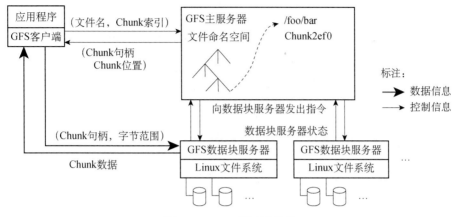

图 3-15　GFS 的系统结构

1）GFS

一个 GFS 集群由一个主服务器（Master）和大量的块服务器（Chunkserver）构成，并被很多客户（Client）访问。主服务器存储文件系统所用的元数据，包括命名空间、访问控制信息、从文件到数据块的映射及数据块当前位置。GFS 也控制着系统的活动范围，如数据块租约（Lease）治理，孤儿数据块的垃圾收集，数据块服务器间的数据块迁移。主服务器定期通过 HeartBeat 消息与每个数据块服务器通信，给数据块服务器传递指令并收集它的状态。GFS 中的文件被切分为 64MB 大小的数据块并以冗余方式存储，每份数据在系统中保存 3 个以上备份。

客户与主服务器的交换只限于对元数据进行操纵，所有数据方面的通信都直接和数据块服务器关联，这样大大提升了系统的效率，防止主服务器负载过重。

一个文件读操作的流程：

（1）应用程序调用 GFS Client 提供的接口，表明要读取的文件名、偏移、长度。

（2）GFS Client 将偏移按照规则翻译成 Chunk 序号发送给 Master。

（3）Master 将 Chunk ID 与 Chunk 的副本位置发送给 GFS Client。

（4）GFS Client 向最近的持有副本的 Chunkserver 发出读请求，请求中包含 Chunk ID 与范围。

（5）ChunkServer 读取相应的文件，然后将文件内容发送给 GFS client。

GFS 为了可用性与可靠性，采用普通廉价的机器，因此也采用了冗余副本机制，即将同一份数据（Chunk）复制到在多个物理机上（Chunkerver）。

GFS 采用的是中心化副本控制协议，即对于副本集的更新操作有一个中心节点来协调管理，将分布式的并发操作转化为单点的并发操作，从而保证副本集内各节点的一致性。在 GFS 中，中心节点称为 Primary，非中心节点称为 Secondary。中心节点是 GFS Master 通过 Lease 筛选的。

在 GFS 中，数据的冗余是以 Chunk 为基本单位的，而不是文件或者机器。GFS 中数据副本存储示意图如图 3-16 所示。

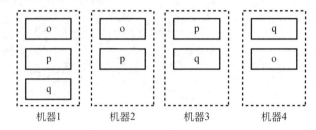

图 3-16　GFS 中数据副本存储示意图

图 3-16 中，o、p、q 即为数据段，相比以机器为粒度的副本，以数据段为独立的副本机制，虽然维护的元数据更多一些，但系统伸缩性更好，故障恢复更迅速，资源利用率更均匀。例如，当机器 1 永久故障之后，需要为数据 o、p、q 各自增加一份副本，分别可以从机器 2、3、4 中读取数据。在 GFS 中，数据段即为 Chunk。

2）HDFS

Hadoop 分布式文件系统 HDFS 可以部署在廉价硬件之上，能够高容错、可靠地存储海量数据（可以达 TB 级，甚至 PB 级）。HDFS 还可以和 Yarn 中的 Map Reduce 编程模型很好地结合，为应用程序提供高吞吐量的数据访问，适用于大数据集应用程序。

HDFS 的定位是提供高容错、高扩展、高可靠的分布式存储服务，并提供服务访问接口（如 API 接口、管理员接口）。为提高扩展性，HDFS 采用了 Master/Slave 架构来构建分布式存储集群，这种架构很容易向集群中任意添加或删除 Slave。在 HDFS 中用一系列数据块来存储一个文件，并且每个数据块都可以设置多个副本，采用这种数据块复制机制，即使集群中某个 Slave 机脱机，也不会丢失数据，这大大增强了 HDFS 的可靠性。由于存在单 Master 节点故障，近年来围绕主节点 Master 衍生出许多可靠性组件。

为优化存储颗粒度，HDFS 中将文件分块存储，即将一个文件按固定块长（默认 128M）划分为一系列块，集群中，Master 机运行主进程 Name Node，其他所有 Slave 都运行从属进程 Data Node。Name Node 统一管理所有 Slave 机器 Data Node 存储空间，但它不进行数据存储，只存储集群的元数据信息（如文件块位置、大小、拥有者信息），Data Node 以数据块为单位存储实际的数据。客户端联系 Name

Node 以获取文件的元数据，而真正的文件 I/O 操作时客户端直接和 Data Node 交互。HdFS 的结构示意图如图 3-17 所示。

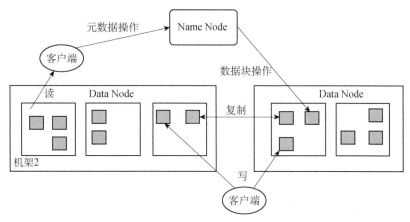

图 **3-17** **HDFS** 的结构示意图

Name Node 就是主控制服务器，负责维护文件系统的命名空间（Name Space），并协调客户端对文件进行访问，记录命名空间内的任何改动或命名空间本身的属性改动。Data Node 负责它们所在的物理节点上的存储管理，HDFS 开放文件系统的命名空间以便让用户以文件的形式存储数据。HDFS 的数据都是"一次写入，多次读取"，典型的数据块大小是 128MB，通常按照 128MB 为一个分割单位，将 HDFS 的文件切分成不同的数据块（Block），每个数据块尽可能地分散存储于不同的 Data Node 中。Name Node 执行文件系统的命名空间操作，比如打开、关闭、重命名文件或目录，还决定数据块到 Data Node 的映射。Data Node 负责处理客户的读/写请求，依照 Name Node 的命令，执行数据块的创建、复制、删除等工作。例如，客户端要访问一个文件，首先，客户端从 Name Node 获得组成文件的数据块的位置列表，也就是知道数据块被存储在哪些 Data Node 中；其次，客户端直接从 Data Node 中读取文件数据。Name Node 不参与文件的传输。

HDFS 典型拓扑包含如下两种。

（1）一般拓扑（见图 3-18）。这种拓扑只有单个 Name Node 节点，使用 Secondary Name Node 或 Backup Node 节点实时获取 Name Node 元数据信息，备份元数据。

（2）商用拓扑（见图 3-19）：这种拓扑有两个 Name Node 节点，并使用 Zoo Keeper 实现 Name Node 节点间的热切换。

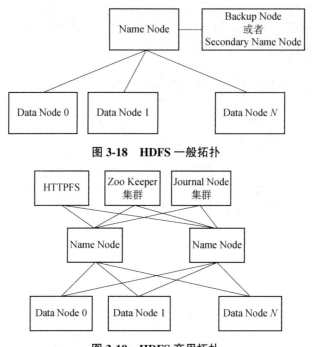

图 3-18　HDFS 一般拓扑

图 3-19　HDFS 商用拓扑

3. 海量数据治理技术

云计算需要对分布的、海量的数据进行处理、分析，因此，数据治理技术必须能够高效地治理大量的数据。云计算系统的数据存储技术是在云平台上建立文件系统，云计算系统中的数据治理技术主要有 Google 的 Bigtable 数据治理技术和 Hadoop 团队开发的开源数据治理模块 HBase。

Bigtable 是基于 GFS 和 Chubby 的分布式存储系统。Google 的很多数据，包括 Web 索引、卫星图像数据等在内的海量结构化和半结构化数据，都存储在 Bigtable 中。Bigtable 在很多方面和数据库类似，但它并不是真正意义上的数据库。

Bigtable 是一个分布式多维映射表，表中的数据通过一个行关键字（Row Key）、一个列关键字（Column Key）及一个时间戳（Time Stamp）进行索引。Bigtable 对存储在其中的数据不做任何解析，一律看作字符串，具体数据结构的实现需要用户自行处理。

Bigtable 的存储逻辑可以表示为：

（row:string,column:string,time:int64）→string

Bigtable 数据的存储格式如图 3-20 所示。

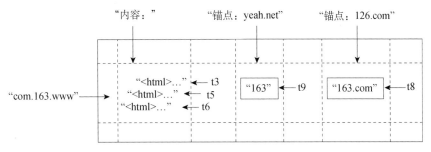

图 3-20 Bigtable 数据的存储格式

图 3-20 是一个存储 Web 网页的范例列表片段，其中行名是一个反向 URL（即 com.163.www）。内容（content）列簇存放网页内容，锚点（anchor）列簇存放引用该网页的锚链接文本。163 的主页被 yeah.net 和 126.com（均是网易旗下的免费邮箱）的主页引用，因此该行包含了名为"anchor：yeah.net"和"anchhor：126.com"的列。每个锚链接只有一个版本（由时间戳标识，如 t9，t8）；而 contents 列则有三个版本，分别由时间戳 t3、t5 和 t6 标识。

Bigtable 是在 Google 的另外三个云计算组件基础之上构建的，其基本架构如图 3-21 所示。

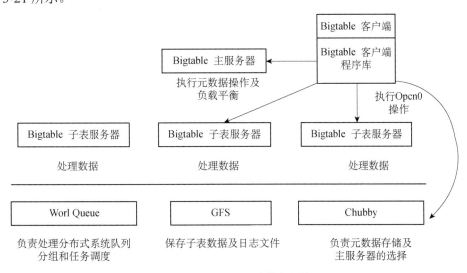

图 3-21 Bigtable 的基本架构

图 3-21 中，Work Queue 是一个分布式的任务调度器，主要用于处理分布式系统队列分组和任务调度，关于其实现 Google 并没有公开。GFS 是 Google 的分布式文件系统，在 Bigtable 中 GFS 主要用于存储子表数据及一些日志文件。Bigtable 还需要一个锁服务的支持，Bigtable 选用了 Google 自己开发的分布式锁服务 Chubby。在 Bigtable 中 Chubby 可以保证同一时间内只有一个主服务器（Master Server）被选取，利用 Chubby 还能获得子表的位置信息和保存 Bigtable 的模式信息及访问控制列表。

另外，在 Bigtable 的实际执行过程中，Google 的 Map Reduce 和 Sawzall 也被用来改善其性能，不过需要注意的是这两个组件并不是实现 Bigtable 所必需的。

Bigtable 主要由三个部分组成：客户端程序库（Client Library）、一个主服务器（Master Server）和多个子表服务器（Tablet Server）。客户访问 Bigtable 服务时，首先要利用其库函数执行 Open()操作来打开一个锁（实际上是获取了文件目录），锁打开以后客户端就可以和子表服务器进行通信了。和许多具有单个主节点的分布式系统一样，客户端主要与子表服务器通信，几乎不和主服务器进行通信，这使得主服务器的负载大大降低。主服务主要进行一些元数据的操作及子表服务器之间的负载调度，实际上数据是存储在子表服务器上的。

Google 的很多项目使用 Bigtable 来存储数据，包括网页查询、Google Earth 和 Google 金融。这些应用程序对 Bigtable 的要求各不相同，如数据大小（从 URL 到网页到卫星图像）不同，反应速度不同（从大批处理到实时数据服务）。对于不同的要求，Bigtable 都成功地提供了灵活高效的服务。

4. 虚拟化技术

云计算中运用虚拟化技术主要体现在对数据中心的虚拟化。数据中心是云计算技术的核心，近十年来，数据中心规模不断扩大、成本逐渐上升、管理日趋复杂。数据中心为运营商带来巨大利益的同时，也带来了管理和运营等方面的重大挑战。

传统的数据中心网络不能满足虚拟数据中心网络高速、扁平、虚拟化的要求。传统的数据中心采用的多种技术，以及业务之间的孤立性，使得数据中心网络结构复杂，存在相对独立的三张网，即数据网、存储网和高性能计算网，以及多个对外 I/O 接口。在这些对外 I/O 接口中，数据中心的前端访问接口通常采用以太网进行互联，构成高速的数据网络；数据中心后端的存储则多采用 NAS、FC SAN 等接口；服务器的并行计算和高性能计算则需要低延迟接口和架构，如 Infiniband 接口。以上这些因素，导致服务器之间存在操作系统和上层软件异构、接口与数据格式的不统一等问题。

随着云计算技术的发展，传统的数据中心逐渐过渡到虚拟化数据中心，即采用虚拟化技术将原来数据中心的物理资源进行抽象整合。数据中心的虚拟化可以实现资源的动态分配和调度，提高现有资源的利用率和服务可靠性；可以提供自动化的服务开通能力，降低运维成本；具有有效的安全机制和可靠性机制，满足公众客户和企业客户的安全需求；同时也可以方便系统升级、迁移和改造。

数据中心的虚拟化是通过服务器虚拟化、存储虚拟化和网络虚拟化实现的。服务器虚拟化在云计算中是最重要和最关键的，是将一个或多个物理服务器虚拟成多个逻辑上的服务器，集中管理，能跨越物理平台而不受物理平台的限制。存储虚拟化是把分布的异构存储设备统一为一个或几个大的存储池，方便用户的使用和管理。网络虚拟化是在底层物理网络和网络用户之间增加一个抽象层，该抽象层向下对物理网络资源进行分割，向上提供虚拟网络。

现在使用的计算机都离不开冯·诺依曼体系结构，如图 3-22 所示，硬件包括输入设备、输出设备、存储器、CPU 等。服务器虚拟化技术就是在一台计算机上模拟出独立的 CPU、存储器等使得同一台主机能虚拟为多台主机或者使多台主机能虚拟为一台主机。本书主要关注第一种，即服务器虚拟化通过虚拟化层的实现使得多个虚拟机在同一物理机上独立并行运行。按照虚拟化的方式可以把虚拟化分为两类，一类是建立在宿主机上的，也就是宿主机是有操作系统的，另一类是宿主机没有操作系统的，我们把前者称为寄居虚拟化，后者称为裸机虚拟化。

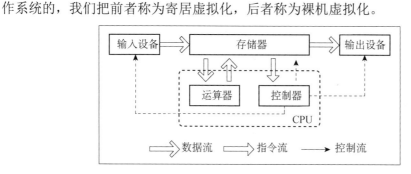

图 3-22　冯·诺依曼体系结构

寄居虚拟化如图 3-23 所示，最底层是物理硬件，物理硬件之上是主机的操作系统，操作系统之上是 VMM（Virtual Machine Monitor，虚拟机管理器），再往上就是客户的虚拟机了。利用这种技术，虚拟机对各种物理设备（CPU、内存、硬盘等）的调用，都是通过 VMM 和宿主机的操作系统一起协调才完成的。VMvare 和 Virtual Box 都是基于这种方式实现的。

裸机虚拟化指的是，直接将 VMM 安装在硬件设备与物理硬件之间，如图 3-24 所示。VMM 在这种模式下又叫作 Hypervisor，虚拟机有指令要执行时，Hypervisor 会接管该指令，模拟相应的操作。

图 3-23　寄居虚拟化

图 3-24　裸机虚拟化

Hypervisor 是一种在虚拟环境中的"元"操作系统，可以访问服务器上包括磁盘和内存在内的所有物理设备。Hypervisor 不但协调着这些硬件资源的访问，也同时在各个虚拟机之间施加防护。当服务器启动并运行 Hypervisor 时，它会加载所有虚拟机客户端的操作系统同时会分配给每台虚拟机适量的内存、CPU、网络和磁盘。

通过虚拟化技术可实现软件应用与底层硬件相隔离，包括将单个资源划分成多个虚拟资源的裂分模式，也包括将多个资源整合成一个虚拟资源的聚合模式。根据对象不同虚拟化技术可分成存储虚拟化、计算虚拟化、网络虚拟化等。

首先是 CPU 虚拟化。CPU 虚拟化是指把物理的 CPU 虚拟为多个虚拟 CPU，从而实现一个 CPU 能被多台虚拟机共用，但是却相互隔离的场景。CPU 的运行是以时间为单位的，CPU 虚拟化要解决的主要问题是隔离和调度，隔离指的是让不同的虚拟机之间能够相互独立地执行命令，调度指的是 VMM 决定 CPU 当前在哪台虚拟机上运行。由于 x86 体系设计的 CPU 在虚拟化上具有一定的缺陷，所以有两种方法来实现 CPU 的虚拟化。其一是采用完全虚拟化的方式，利用动态指令转换或者硬件辅助来帮助实现 CPU 的虚拟化；其二是采用半虚拟化的方式，在客户的操作系统内核上进行一定的更改使得操作系统转变为虚拟机的角色，能够在 VMM 的管理下尽可能地访问硬件。

其次是内存虚拟化。内存虚拟化指的是把物理内存包装成若干虚拟内存使用，把物理内存抽象出来，给每台虚拟机分配一个连续的内存空间。

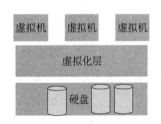

图 3-25　虚拟硬盘读写流程

然后是硬盘虚拟化。硬盘虚拟化相对简单一些，以 VMvare 为例，在 VMvare 中，会使用物理硬盘上的一个文件来当作虚拟机当中的一个硬盘，如图 3-25 所示。虚拟机通过调用相关进程（如 VMvare 进程）访问相关宿主机的文件系统，再通过文件系统调用 Windows 内核，再调用驱动，然后在磁盘上进行读写。

最后是网络虚拟化。网络虚拟化是让一个物理网络能够支持多个逻辑网络，虚拟化保留了网络设计中原有的层次结构、数据通道和所能提供的服务，使得最终用户的体验和独享物理网络一样；同时网络虚拟化技术还可以高效地利用网络资源，如空间、能源、设备容量等。网络虚拟化的目的是，节省物理主机的网卡设备资源。

5.　云计算平台治理技术

云计算资源规模庞大，服务器数目众多并分布在不同的地点，同时运行着数百种应用，如何有效地治理这些服务器，保证整个系统提供不中断的服务是巨大的挑战。

云计算系统的平台治理技术能够使大量的服务器协同工作，方便地进行业务部署和开通，快速发现和恢复系统故障，通过自动化、智能化的手段实现大规模系统的可靠运营。

3.4.4　云计算主要软件简介

OpenStack 既是一个社区，也是一个项目和一个开源软件。OpenStack 提供了一个部署云的操作平台或工具集。OpenStack 的宗旨是：帮助组织运行为虚拟计算或存储服务的云，为公有云、私有云，也为大云、小云提供可扩展的、灵活的云计算。

OpenStack 开源项目是 OpenStack 计算（代号为 Nova）、OpenStack 对象存储（代号为 Swift）、OpenStack 镜像服务（代号 Glance）的集合。

图 3-26 所示为 OpenStack 的详细构架图。

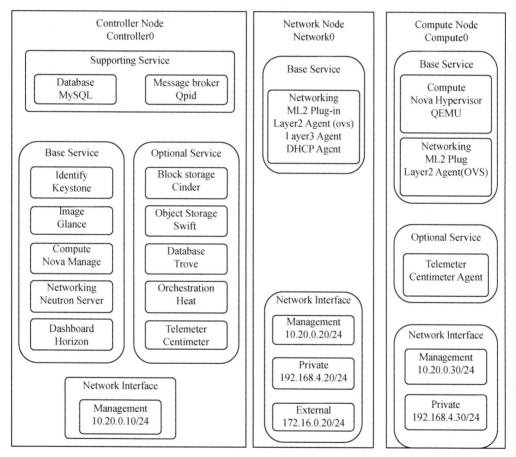

图 3-26　OpenStack 的详细构架图

图 3-27 所示为 OpenStack 的网络拓扑结构图。

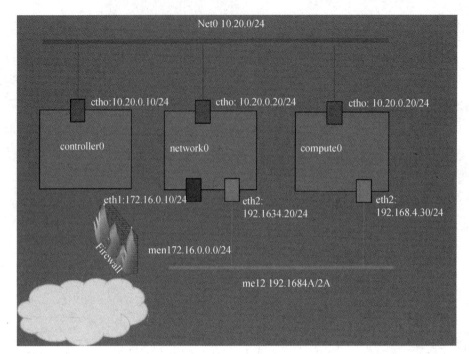

图 3-27　OpenStack 的网络拓扑结构图

整个 OpenStack 是由控制节点、计算节点、网络节点、存储节点四个部分组成。这四个节点也可以安装在一台机器上,单机部署。其中,控制节点负责对其余节点的控制,包含虚拟机建立、虚拟机迁移、网络分配、存储分配等。计算节点负责虚拟机的运行。网络节点负责外网络与内网络之间的通信。存储节点负责对虚拟机的额外存储进行管理等。

1）控制节点

控制节点包括管理支持服务、基础管理服务、扩展管理服务。管理支持服务包含 MySQL 与 Qpid My SQL 数据库作为基础和扩展服务产生的数据存放处;Qpid 消息代理（也称消息中间件）为其他各种服务之间提供了统一的消息通信服务。基础管理服务包含认证管理服务、镜像管理服务、计算管理服务、网络管理服务和控制台服务。另外,控制节点还包含有一系列扩展服务,提供某些特殊节点的管理、云资源配置和监控等功能。

2）网络节点

控制节点一般来说只需要一个网络端口,用于通信/管理各个节点网络,节点仅包含 Neutron 服务。Neutron 负责管理私有网段与公有网段的通信,以及管理虚拟机网络之间的通信/拓扑,管理虚拟机之上的防火墙等。网络节点包含三个网络端口,其中 eth0 用于与控制节点进行通信;eth1 用于与除了控制节点之外的计算/存储节点之间的通信;eth2 用于外部的虚拟机与相应网络之间的通信。

3）计算节点

计算节点主要提供虚拟机的创建、运行、迁移、快照等各种围绕虚拟机的服务，提供 API 与控制节点对接，由控制节点下发任务，帮助计算节点与网络节点之间通信，并通过监控代理将虚拟机的情况反馈给控制节点。

4）存储节点

存储节点包含块存储和对象存储两种服务。块存储服务，简单来说，就是虚拟出一块磁盘，可以挂载到相应的虚拟机之上，不受文件系统等因素影响。对虚拟机来说，这个操作就像是新加了一块硬盘，可以完成对磁盘的任何操作，包括挂载、卸载、格式化、转换文件系统等，大多应用于虚拟机空间不足的情况下的空间扩容等。对象存储服务，简单来说，就是虚拟出一块磁盘空间，可以在这个空间中存放文件，也仅仅只能存放文件，不能进行格式化、转换文件系统，大多应用于云磁盘/文件。

第4章 人工智能基础

![树形图标] **本章内容和学习目标**

本章主要围绕人工智能介绍如下内容：机器学习方法，包括监督学习、无监督学习、半监督学习和强化学习；机器学习模式，包括人工神经网络、概率统计学习和深度学习。

通过对本章的学习，学习者应能够了解和掌握机器学习基本知识、机器学习的策略、机器学习的相关方法、机器学习的典型模式。

4.1　机器学习方法

机器学习是人工智能的核心研究分支，旨在探究机器的拟人学习机制和方法，其成果已经广泛应用于自然语言理解、计算机视觉、图像识别、语音识别、信息检索、智能机器人等多个领域。近年来随着数据收集手段和能力的提升，可获取的数据量急剧增加，人们更加迫切地希望从巨量数据中发现隐藏的、有效的、可理解的知识，这已经带来了一场大数据的变革，而这场变革的核心技术就是高性能的大规模数据处理，而机器学习正是大数据分析的主要工具之一。机器学习是近20多年兴起的一门多领域交叉学科，涉及了概率论、统计学、神经科学、逼近论、凸分析、算法复杂度理论等多门学科。机器学习理论主要是设计和分析一些让计算机可以自动"学习"的方法，这种学习方法是一类从数据中自动分析和获得规律，再利用规律对未知数据进行预测的算法。这些算法尽管依据的理论不同，但其基本架构是相似的，一个典型的机器学习架构由环境、学习算法、知识库和识别四部分组成，如图 4-1 所示。

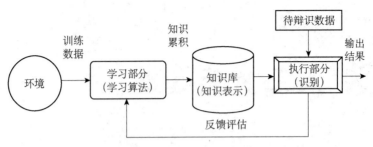

图 4-1　机器学习的基本架构

机器学习主要解决两类问题：一类是分类问题，一类是回归问题。分类涉及对事物定性的准确性；而回归涉及对事物定量的准确性。机器学习有三个核心要素：数据、算法和模型。数据是机器学习的原始材料，一般是一个数据集（Data Set），其中每个数据采用向量或矩阵的形式表示；模型（Model）是训练要获取的目标，一般由框架和待定参数来表征；算法又称学习算法（Learning Algorithm），是确定模型参数的计算方法和流程。

例如，有一组二维平面的数据点集（x_i，y_i），x_i为输入，y_i为输出，通过机器学习来获取 y 对 x 的依赖关系，即模型。将模型框架设为 4 次多项式，待定参数为多项式函数的系数，而学习算法采用"最小平方法"就可以得到最后 y 的表达式，如图 4-2 所示。

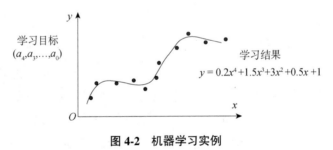

图 4-2　机器学习实例

经过多年的研究，机器学习算法从简单的 K 近邻（K-Nearest Negihbour，KNN）到复杂的数百层结构深度学习神经网络，可说枝繁叶茂，但就方法论而言机器学习按"学习方式"可归纳为表 4-1 所列四类。

表 4-1　四种学习方式的特点

学习方式	英文	描述
监督学习	Supervised Learning	训练数据集有标注，如回归分析、统计分类
无监督学习	Unsupervised Leanring	训练数据集无标注，如聚类、GAN（生成对抗网络）
半监督式学习	Semi-supervised Leanring	介于监督式与无监督式之间
强化学习	Reinforcement Leanring	智能体不断与环境进行交互，通过试错的方式来获最佳策略

如果将机器学习按照"学习任务"分类，可分为表 4-2 所列的三类。

表 4-2　三种学习任务的特点

学习任务	英文	描述
分类	Classification	分类是预测一个类别的标签（是离散的），属于监督学习
回归	Regression	回归是预测一个数量的值（是连续的），属于监督学习
聚类	Clustering	聚类是将属性相近的事物进行归纳，属于无监督学习

每类机器学习问题都可归结于某类学习任务之下，这里不单独讨论，而只按学习方式介绍各种机器学习方法的特点。

4.1.1　监督学习

用已知某种或某些特性的样本作为训练集，建立一个数学模型，再用已建立的模型来预测未知样本，此种方法被称为监督学习或有监督学习。监督学习是最常用的一种机器学习方法，它是从标签化训练数据集中推断出模型的机器学习任务。在这一类机器学习的学习形式中，每条训练数据都含有两部分信息，即特征组与标签。一条训练数据中的特征组是对相应对象的特征的描述，往往用向量来表达，而标签则是对象的一个属性。监督学习的任务是根据对象的特征组对标签的取值进行预测，从而实现分类或拟合的目的。数学模型具有对未知数据进行分类的能力。监督学习的典型例子有 KNN、SVM、决策树、神经网络等。

1. 数据的表示与标注

无论何种机器学习方法，首先都要收集学习的材料——数据。这里的"数据"是指事物的属性的表示，可以是定性的也可以是定量的。属性少则一两个，如{身高，体重}可以表示一个人的胖瘦；多则上百万个，如一幅彩色图像可以表示一个场景。通常用向量和矩阵来表示数据，如一个事物有 n 个属性，就可以用 n 维向量 $\boldsymbol{x}$ 来表示，记作：

$$\boldsymbol{x} = \begin{bmatrix} x_1 \\ x_2 \\ \vdots \\ x_n \end{bmatrix} \tag{4-1}$$

对一幅像素为 $n \times n$ 的灰度图像（无彩色）就可以用一个 $n \times n$ 维的矩阵 $\boldsymbol{X}$ 来表示，若是彩色图像就可采用红-绿-蓝（RGB）三个 $n \times n$ 彩色分量矩阵表示，是

$n×n×3$ 维的"立体"形式的阵列，如图 4-3 所示。

$$X = \begin{bmatrix} x_{11} & x_{12} & \cdots & x_{1n} \\ x_{21} & x_{22} & \cdots & x_{2n} \\ \vdots & \vdots & \vdots & \vdots \\ x_{n1} & x_{n2} & \cdots & x_{nn} \end{bmatrix} \tag{4-2}$$

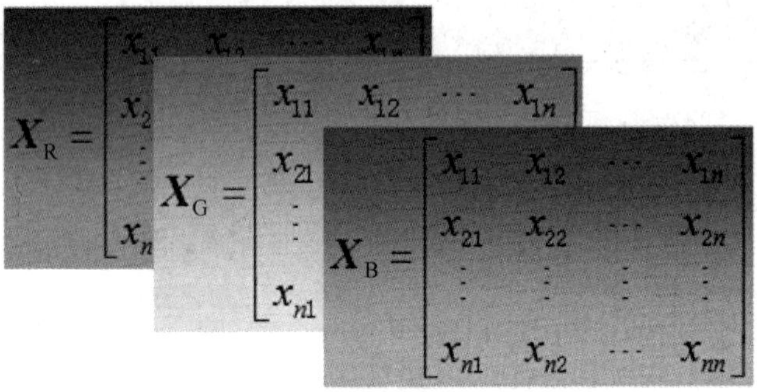

$$X_R = \begin{bmatrix} x_{11} & x_{12} & \cdots & x_{1n} \\ x_{21} & & & \\ \vdots & & & \\ x_{n1} & & & \end{bmatrix}$$

$$X_G = \begin{bmatrix} x_{11} & x_{12} & \cdots & x_{1n} \\ x_{21} & & & \\ \vdots & & & \\ x_{n1} & & & \end{bmatrix}$$

$$X_B = \begin{bmatrix} x_{11} & x_{12} & \cdots & x_{1n} \\ x_{21} & x_{22} & \cdots & x_{2n} \\ \vdots & \vdots & \vdots & \vdots \\ x_{n1} & x_{n2} & \cdots & x_{nn} \end{bmatrix}$$

图 4-3　图像的 RGB 三基色的矩阵表示

在监督学习中，对训练用到的数据要做标注，形成"数据"–"标签"配对的数据集。标签的编码形式根据学习目标的不同而不同，也用向量表示的。比如在手写数字的识别中，图像数据采用 $28×28$ 的矩阵 x_i，其识别结果有 $0\sim9$ 十种可能，标签可以采用 10 维向量 y_i 来表示。图 4-4 给出了 3 幅手写数字图片及其标签编码。将多个这样的图像与标签配对，就形成了一个数据集 $\{x_i, y_i\}$，$i=1$，2，$\cdots$。

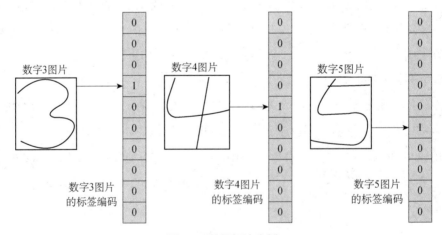

图 4-4　数据标注实例

2. 分类问题

如果标签只取有限个可能值，则称相应的监督式学习为分类问题。直观地说，每个标签值代表一个类。在手写数字识别问题中，标签只取 $0\sim9$ 这 10 个可能值，这是含有 10 个类别的分类问题。称一个含有 k 个类别的分类问题为 k 元分类问题。

分类问题的任务又可以分为两种形式，第一种任务的形式是，要求对类别做出明确的预测。例如，在手写数字识别问题中，要求输出对给定图片中的数字的预测，这种任务形式就称为类别预测任务。第二种任务的形式是，要求计算出给定对象属于每个类别的概率。不管哪类，最终都是要训练一个模型，这个模型一般要先有个架构（比如 BP 神经网络、卷积神经网），然后采用某种学习算法，对数据集的数据进行训练，就是确定模型参数。对训练好的模型一般要用非训练的数据进行测试评估，满足使用要求，就可以用于新数据的分类。监督学习分类流程如图 4-5 所示。

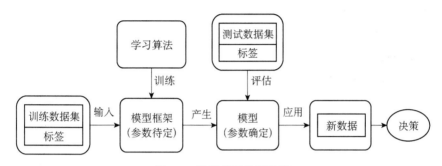

图 4-5　监督学习分类流程

3. 回归问题

在房价预测问题中，每条训练数据都是某地区的一笔房屋交易记录。训练数据中含有诸如房屋面积、学区房、与地铁站距离等特征，并且含有交易价格作为其标签值。由于交易价格是一个连续的数量值，因此，房价预测问题是一个回归问题。显然，在房价预测问题中，既无可能也无必要完全精确地预测出给定房屋的价格，而只要预测出的房屋价格能接近其真实价格即可，这恰是一般回归问题的目标——输出接近真实价格的预测。实际上，如果一个回归问题的模型在训练数据上的预测过于准确，那么出现过度拟合的可能性就很大。

在图 4-6（a）中，拟合过于粗糙属于欠拟合，模型的预测效果差；图 4-6（b）属于合适的拟合（即拟合恰当），预测效果好；而图 4-6（c）对当前样本拟合相当准确，但预测效果往往不好，属于过拟合。在机器学习中无论是分类还是回归问题，都要注意过拟合。4-6（b）中的预测函数在训练数据时虽然有一定的标签预测误差，但是它的可推广性较强。

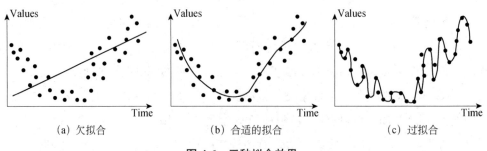

图 4-6　三种拟合效果

最后应当指出，分类问题与回归问题是可以相互转化的。对于一个分类问题，可以将其转化为对给定对象所属类别的概率的预测，而概率是在［0，1］内的连续值，因此概率预测可以认为是一个回归问题。机器学习中的 Logistic 回归就是一种利用回归方法求解分类问题的算法。对于一个回归问题，可以通过标签值的区间化将其转化为一个分类标签。

4.1.2　无监督学习

在无监督学习中，训练数据不含标签。无监督学习问题的任务通常是对数据本身的模式进行识别与分类。例如，在手写数字识别问题中，忽略训练数据的标签，仅根据特征组将训练数据分类，这就是一个无监督学习问题。此时，机器学习算法也许仍然能把数据分为 10 类，且每类中的图片都是相同的手写数字。但是，它无法输出各类图片中的具体数字，因为训练数据中并不包含此信息。在众多无监督学习问题中，主要有两类问题具有广泛的实际应用——降维问题与聚类问题。

1. 降维问题

在机器学习问题中，每条训练数据的特征组都可以用一个向量来表示。此向量的每个分量都对应对象的一个特征。在许多应用中，特征组的维度相当高，比如一幅图像，其维度有时甚至达到百万数量级。在预测标签时，特征并非越多越好。众多的特征不仅增加了求解问题的复杂性和难度，而且在特征之间容易发生互相不独立的现象，这会给问题的求解带来麻烦。因此，对高维度的特征组进行"低维近似"，即用维度较低的向量来表示原来的高维特征，这是降维问题的主要应用。除此之外，人们对二维和三维空间能有较直观的理解，所以降维问题的另一个应用就是数据可视化。将高维数据降到二维或三维，可以使人们对数据有直观的认识。

2. 聚类问题

聚类问题与监督学习中的分类问题类似，目的都是将数据按模式归类。二者的区别是：聚类问题中的任务仅限于对未知分类的一批数据进行分类，而监督学习中的分类问题是用已知分类的训练数据训练出一个能够预测数据类别的模型。例如，在一个新闻门户网站中，每天有来自众多消息渠道的各种文章与信息，如果希望为用户个性化地推送新闻，就需要了解每个用户对哪类文章感兴趣。一个可行的算法是将新的文章聚类成多个类别，然后，根据用户浏览的历史记录，推断该用户感兴趣的文章类别，为其推送该类别的文章。值得一提的是，有时也可以随机地选取一些用户从未浏览过的类别，进行尝试性推送，从而更好地了解用户的兴趣类别。

4.1.3　半监督学习

半监督学习（Semi-Supervised Learning，SSL）也是机器学习领域研究的重点问题，是监督学习与无监督学习相结合的一种学习方法。半监督学习使用大量的未标记数据，以及同时使用标记数据，来进行模式识别工作。当使用半监督学习时，将会要求尽量少的人员来从事工作，同时，又能够带来比较高的准确性。因此，半监督学习越来越受到人们的重视。

半监督学习的研究历史可以追溯到 20 世纪 70 年代，这一时期，出现了自训练（Self-Training）、传导学习（Transductive Learning）、生成式模型（Generative Model）等学习方法。到了 20 世纪 90 年代，对半监督学习的研究变得更加深入，新理论的出现，以及自然语言的处理、文本分类和计算机视觉中新应用的发展，促进了半监督学习的发展，出现了协同训练（Co-Training）和转导支持向量机（Transductive Support Vector Machine，TSVM）等新方法。

通常，在半监督学习中通过三个常用的基本假设来建立预测样例和学习目标之间的关系：

（1）平滑假设（Smoothness Assumption）。位于稠密数据区域的两个距离很近的样例的类标签相似，也就是说，当两个样例被稠密数据区域中的边连接时，它们有相同的类标签的概率很大；相反地，当两个样例被稀疏数据区域分开时，它们的类标签趋于不同。

（2）聚类假设（Cluster Assumption）。当两个样例位于同一聚类簇时，它们有相同的类标签的概率很大。这个假设的等价定义为低密度分离假设（Low Sensity Separation Assumption），即分类决策边界应该穿过稀疏数据区域，而避免将稠密数据区域的样例分到决策边界两侧。

（3）流形假设（Manifold Assumption）。将高维数据嵌入到低维流形中，当两个样例位于低维流形中的一个小局部邻域内时，它们具有相似的类标签。

4.1.4 强化学习

强化学习是现代人工智能的重要课题，在博弈策略、无人驾驶汽车系统、机器人控制等诸多前沿人工智能领域中都能见到强化学习的身影。强化学习的任务是，根据对环境的探索，制定应对环境变化的策略。强化学习模拟了生物探索环境与积累经验的过程。例如，在训练海豚进行杂技表演的过程中，海豚每次成功地完成一组技术动作后，都会获得食物奖励，而错误的动作则不会获得奖励。这样的经验与记忆引导海豚做出一个个精彩的杂技动作，这正是强化学习的思想。强化学习算法通过对正确的行动进行奖励，来摸索应对环境变化的最优策略。

例如，在博弈系统中，计算机控制的虚拟棋手每走出一步好棋，就会获得一定的奖励。而当虚拟棋手走错一步棋，导致局面落后时，它会受到惩罚，以避免其将来再犯类似的错误。又如，在虚拟环境中训练无人驾驶汽车系统模型时，如果模型所控制的无人驾驶汽车在虚拟环境中发生了事故，则相应的操作将受到惩罚，这种惩罚将引导系统掌握正确的驾驶方法。强化学习是介于监督学习和无监督学习之间的一类机器学习算法，一方面强化学习没有一组带有标签的训练数据作为输入，算法需要自发地探索环境来获得训练数据；而另一方面，由于环境对每个行动能够提供反馈，所以可以认为通过探索得到的训练数据是带有标签的。

4.2 机器学习模式

4.2.1 概率统计学习

统计学习理论讨论的是基于数据的机器学习问题。基于数据的机器学习就是研究如何从一些观测数据（样本）来得出目前尚不能通过原理分析得到的或确认的规律，即基于观测的优化过程，然后利用这些规律去分析客观对象，对未来数据或无法观测的数据进行预测。现实世界中存在大量无法准确认识却可以进行观测的事物，因此这种机器学习在科学技术、社会、经济等各领域中都有着十分重要的应用。

机器学习方法的共同重要理论基础之一是统计学。统计学习理论（Statistical Learning Theory，SLT）是一种专门研究小样本情况下机器学习规律的理论。从 20 世纪六七十年代开始到 20 世纪九十年代中期，随着该理论的不断发展和成熟，以及神经网络等学习方法在理论上缺乏实质性进展，统计学习理论开始受到越来越广泛的重视。统计学习理论是建立在一套较坚实的理论基础之上的，为解决有限样本学习问题提供了一个统一的框架。统计学习理论能将很多现有方法纳入其中，有望帮助解决许多原来难以解决的问题。这里只介绍统计学之中两种典型的概率统计学习方法，即贝叶斯学习算法和支持向量机再法。

1. 贝叶斯学习算法

贝叶斯学习算法是一种依据概率统计学原理的学习方法，更确切地说它是一类利用概率统计知识进行分类的算法。其中最著名的是朴素贝叶斯（Naive Bayes，NB）分类算法。该算法能运用于大型数据库中，且方法简单、分类准确率高、速度快。朴素贝叶斯算法的核心思想是，假设样本的每个特征（属性）与其他特征都不相关。尽管这些特征有时相互依赖或者有些特征由其他特征决定，然而朴素贝叶斯分类器认为这些属性在概率分布上是独立的。在许多实际应用中，朴素贝叶斯分类器对很多复杂的现实情形仍能够取得相当好的效果。

1）朴素贝叶斯分类器的原理

设每个数据样本实例 x 可由属性值$<a_1, a_2, \cdots, a_n>$联合描述，其分类属于类别集合 $V=\{v_1, v_2, \cdots, v_m\}$，学习的目标就是通过对已知分类样本的学习训练，可以对未知样本进行分类预测。朴素贝叶斯分类器的原理就是假设属性$<a_1, \cdots, a_n>$是相互独立的，这样联合概率可以表达成独立属性条件概率的乘积，再考虑类别自身的概率，因此，朴素贝叶斯分类器的定义为：

$$v_{NB} = \arg\max_{v_j \in V} P(v_j) \prod_i P(a_i | v_j) \tag{4-3}$$

式中，$P(v_j)$ 表示类别 v_i 的先验概率，$P(a_i|v_j)$ 表示类别 v_j 下属性 a_i 的条件概率，$\prod$ 表示连乘符号，argmax 表示使概率表达式获得最大值对应的类别。

2）朴素贝叶斯学习算法应用实例

考虑周六上午是否适合踢足球的预测，假设踢足球天气条件有 4 个属性 $x_i=<a_1, a_2, a_3, a_4>=<$天气，温度，湿度，风力$>$，天气取值$\in\{$晴朗，阴天，下雨$\}$，温度取值$\in\{$热，温和，冷$\}$，湿度取值$\in\{$高，正常$\}$，风力取值$\in\{$强，弱$\}$，类别 $V=\{yes, no\}$。已知有 14 个周六上午踢足球天气条件样本 $x_1 \sim x_{14}$，以及对应的是否踢球的类别，见表 4-3。

表 4-3　14 个的周六上午踢足球天气样本

Day	天气	气温	湿度	风力	踢球与否
x_1	晴朗	热	高	弱	no
x_2	晴朗	热	高	强	no
x_3	阴天	热	高	弱	yes
x_4	下雨	温和	高	弱	yes

（续表）

Day	天气	气温	湿度	风力	踢球与否
x_5	下雨	冷	正常	弱	yes
x_6	下雨	冷	正常	强	no
x_7	阴天	冷	正常	强	yes
x_8	晴朗	温和	高	弱	no
x_9	晴朗	冷	正常	弱	yes
x_{10}	下雨	温和	正常	弱	yes
x_{11}	晴朗	温和	正常	强	yes
x_{12}	阴天	温和	高	强	yes
x_{13}	阴天	热	正常	弱	yes
x_{14}	下雨	温和	高	强	no

问题：根据表 4-3 中提供的踢足球的 14 个训练样例，给新的天气实例 x_{15}=<晴朗，冷，高，强>，预测 x_{15} 属于：踢足球="yes" 或 不踢足球="no"。

这里<a_1，a_2，a_3，a_4>=<晴朗，冷，高，强>，根据朴素贝叶斯公式有：

$$v_{NB} = \underset{v_j \in \{yes,no\}}{\arg \max} P(v_j) \prod_i P(a_i | v_j)$$

$$= \underset{v_j \in \{yes,no\}}{\arg \max} P(v_j) P(晴朗 | v_j) P(冷 | v_j) P(高 | v_j) P(强 | v_j)$$

根据表 4-3 可以计算出上式需要的概率值，14 个周六上午有 9 天踢足球，5 天不踢足球，所以先验概率为：

$$P(v_1)=P(yes)=9/14=0.64$$

$$P(v_2)=P(no)=5/14=0.36$$

9 天中不同天气属性的条件概率为：

$$P(a_1|v_1)=P(晴朗|yes)=2/9=0.22$$

$$P(a_1|v_2)=P(晴朗|no)=3/5=0.60$$

$$P(a_2|v_1)=P(冷|yes)=3/9=0.33$$

$$P(a_2|v_2)=P(冷|no)=1/5=0.20$$

$$P(a_3|v_1)=P(高|yes)=3/9=0.33$$

$$P(a_3|v_2)=P(高|no)=4/5=0.80$$

$$P(a_4|v_1)=P(强|yes)=3/9=0.33$$

$$P(a_4|v_2)=P(强|no)=3/5=0.60$$

根据以上类别的先验概率和属性的条件概率就可以求 v_{NB}。

$$P(yes|x_{15})=P(yes)P(晴朗|yes)P(冷|yes)P(高|yes)P(强|yes)$$

$$=0.64*0.22*0.33*0.33*0.33$$

$$=0.0051$$

$$P(no|x_{15})= P(no)P(晴朗|no)P(冷|no)P(高|no)P(强|no)$$

$$= 0.36*0.60*0.20*0.80*0.60$$

$$=0.0207$$

$$v_{NB} = \arg\max_{v_j \in \{yes,no\}} P(v_j)\prod_i P(a_i | v_j) = \arg\max_{v_j \in \{yes,no\}} \{P(v_j|x_{15})\}=no$$

所以按照以往 14 个周六上午的惯例，可以推测新的一个周六上午气候条件不适合踢足球。朴素贝叶斯的属性独立是一种简化假设，天气、温度、湿度和风力本身是相关的，下雨和湿度密切相关，但大多数情况下采用这种独立假设能取得较好的效果。

朴素贝叶斯算法在处理文本分类问题方面有突出的表现，它是将一篇文档的每个位置的单词作为一个属性，通过对已知文稿样本的分类统计可以自动进行文稿分类，这对网络资料的自动分类十分方便。例如，我们可以利用网络爬虫爬取我们需要的文档，要做数据分析，首先可通过朴素贝叶斯算法对文档自动分类，可以将文档划分为若干类。比如设置类别属于集合 $V=\{$政治，经济，科学，体育，军事，娱乐，…，健康$\}$，而属性是文档每个位置的单词 w_i，也就是文档全篇包含 n 个单词就有 n 个属性，$x=<w_1$，w_2，…，$w_n>$，类别的先验概率 P（政治，经济）等可通过训练文档的比例关系确定，而对于一篇新文档，则可通过每个单词在训练文档库中出现的频率计算每个分类下的条件概率 $P(w_k|v_j)$，这样就可以按朴素贝叶斯算法预测新文档的类别。有人用朴素贝叶斯学习算法进行新闻分类、影评分类、网购客户评价分类，都取得了不错的效果。

2．支持向量机

支持向量机（Support Vector Machine，SVM）是概率统计学习算法的优秀代表，它在解决小样本、非线性及高维模式识别中表现出许多特有的优势，并能够推广应用到函数拟合等其他机器学习问题中。根据有限的样本信息，在模型的复杂性（对特定训练样本的学习精度）和学习能力（无错误地识别任意样本的能力）之间寻求最佳折中，以求获得最好的推广能力。

SVM 有如下主要特点：

（1）非线性映射是 SVM 的理论基础，SVM 利用内积核函数代替向高维空间的非线性映射。

（2）对特征空间划分的最优超平面是 SVM 的目标，最大化分类边际的思想是 SVM 的核心。

（3）支持向量是 SVM 的训练结果，在 SVM 分类决策中起决定作用的是支持向量。

（4）SVM 是一种有坚实理论基础的新颖的小样本学习方法，它基本上不涉及概率测度及"大数定律"等，因此不同于现有的统计方法。从本质上看，SVM 避开了从归纳到演绎的传统过程，实现了高效地从训练样本到预报样本的"转导推理"，大大简化了通常的分类和回归等问题。

（5）SVM 的最终决策函数只由少数的支持向量所确定，计算的复杂性取决于支持向量的数目，而不是样本空间的维数，在某种意义上避免了"维数灾难"。

（6）少数支持向量决定了最终结果，由此可以帮助我们抓住关键样本、"剔除"大量冗余样本，注定了该方法不但算法简单，而且还具有较好的"鲁棒性"。这种"鲁棒性"主要体现在：

①增、删非支持向量样本对模型没有影响；

②支持向量样本集具有一定的鲁棒性；

③在有些成功的应用中 SVM 对核的选取不敏感。

1）SVM 处理线性可分样本

假定大小为 n 的训练样本集 $\{(x_i, y_i), i=1, \cdots, n\}$，由二个类别组成，如果 $x_i \in R_d$（d 维向量）属于第 1 类，标记为正（$y_i=1$）；如果属于第 2 类，则标记为负（$y_i=-1$）。学习的目标是构造一个判别函数，将检测数据尽可能正确地分类。先考虑二维情况下的线性，则样本可分为两类样本（○，△），如图 4-7 所示，存在很多条可能的分类线能够将训练样本分开。

显然分类线 b 最好，因为它更远离每一类样本，风险小。而其他的分类线 a 与 c 离样本较近，只要样本有较小的变化，就会导致错误的分类结果。因此分类线 b 是代表一个最优的线性分类器。所谓最优分类线就是要求分类线不但能将两类样本无误地分开，而且可使两类样本的分类间隔最大。图 4-8 中 H 是最优分类线，H_1 和 H_2 分别为过各类样本中离分类线最近的点且平行于分类线的直线，H_1 和 H_2 之间的距离叫作两类的分类空隙或者分类间隔（margin）。将二维推广到高维，最优分类线就成为最优分类超平面。

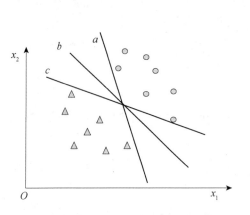

图 4-7　不同分类线的分割样本情况

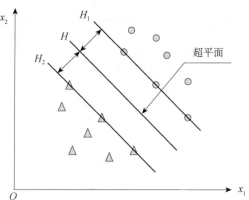

图 4-8　分类间隔最大的最优超平面

从图 4-8 可以看出，H_1 和 H_2 直线上的点决定了分类超平面的间隔，起关键支撑作用，所以被称为支持向量，H_1 上面的那些样本和 H_2 下面的那些样本对分类间隔的确定不起作用，所以求解支持向量机的分类超平面就是确定数据样本中哪些是支持向量。

2）SVM 处理线性不可分样本

前面是线性可分的情况，也就是在两类样本中可以找到一个超平面，将样本完全区分出来，对于线性不可分怎么办呢？两种方法：

（1）放宽约束条件，也像线性可分那样找一个间隔带，使落在间隔带内的错分样本尽量少，如图 4-9 所示。

（2）将样本映射到高维空间（增加样本特征表达的个数），这样在高维空间是线性可分的。

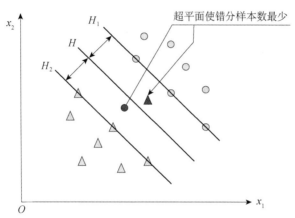

图 4-9 超平面使错分样本最少

后来发现，不管是线性还是非线性最后都是要做内积（点积）运算，而内积运算可以用核函数 K（kernel）来表达，用一个大于 0 的常数 C 来控制落入分割带错分样本的程度，最后通过拉格朗日求极值方法来确定支持向量。支持向量机的二分类模型如下：

$$f_{\text{svm}}(x) = \text{sign}\left(\sum_{i=1}^{n_s} \alpha_i^* y_i K(x_i, x) + b^*\right) \tag{4-4}$$

其中，α_i^* 是对应训练样本中支持向量的拉格朗日乘子，n_s 是支持向量的个数，K 为核函数，b^* 为偏置，sign( ) 是二分类的符号函数，取值为 {+1, -1}。

3. SVM 学习模式应用实例

任务：家庭拥有扫地机器人调查数据样本见表 4-4，利用 SVM 机器学习原理建立模型，然后用于预测输入的新的家庭数据，给出是否购置扫地机器人的判断。

表 4-4　家庭拥有扫地机器人调查数据样本

观测点	家庭年收入/万元	居室面积/m²	购置与否标签
1	47.5	140.0	1
2	32.5	150.6	1
3*	45.0	84.0	1
4*	40.0	51.0	−1
5	37.1	48.2	−1
6	30.0	60.1	−1
7	55.2	80.3	1
8	35.0	60.0	−1
9	45.0	103.0	1
10	30.0	60.0	−1
11*	40.0	105.0	1
12	38.0	111.0	1
13*	27.5	101.0	−1
14*	22.5	119.2	−1
15*	17.5	140.3	−1
16	24.2	181.6	1
17	42.5	130.3	1
18	27.4	80.1	−1
19*	32.5	82.2	−1
20	25.3	69.8	−1
21	32.4	152	1
22*	35.1	121.1	1
23*	27.5	150.3	1
24	22.6	90.1	−1

注：*号表示计算后的支持向量。

在（x_1, x_2）坐标平面上，表 4-4 所示数据分布如图 4-10 所示。

利用以上数据进行训练得到式（4-4）所示 SVM 模型，优化处理得到相应的 9 个支持向量（n_s=9），表 4-4 中带*号的数据，对应图 4-10 中分割带上两条线的点（H_1 和 H_2）。给定一个新的家庭数据{x_1, x_2}={30,102}，代入上式的模型 f_{svm} 得到分类标签为−1，即

$$f_{\text{svm}}(x = \{30,102\}) = -1$$

所以，采用 SVM 模型预测这个家庭不购买扫地机器人。

SVM 被广泛用于二分类问题，对于多分类问题可以构造多个 SVM 分类器。例如水果图像的分类，属性用{颜色，形状，尺寸}来表达，这样对每种水果都可以训练一个支持向量机，如 SVM 苹果、SVM 鸭梨、SVM 桃子等，形成如图 4-11 所示的水果

图像分类器。

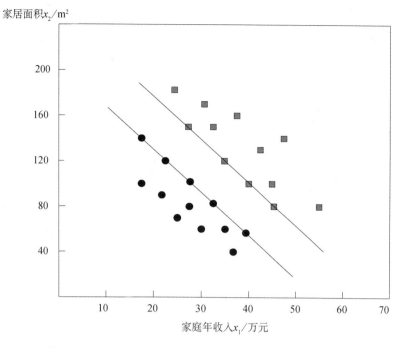

图 4-10　拥有扫地机器人的家庭收入–居室面积的数据分布

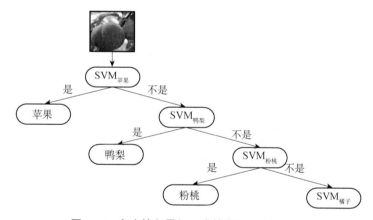

图 4-11　多支持向量机组成的水果图像分类器

4.2.2　人工神经网络

人工神经网络（Artificial Neural Networks，ANNs）简称为神经网络（NNs），或称作连接模型（Connection Model），是对人脑或自然神经网络（Natural Neural Network）若干基本特性的抽象和模拟。人工神经网络以对大脑的生理研究成果为基础，其目的是模拟大脑的某些机理与机制，实现某个方面的功能。国际著名的神经网络研究专家 Hecht Nielsen 对人工神经网络的定义是："人工神经网络是由人工建立的以有向图为拓扑结构的动态系统，它通过对连续或断续的输入做状态响应而进行信息处理，人工神经网络是对人类大脑系统的一阶特性的一种描述。"简单地讲，人工神经网络是一种数学模型，可以用电子线路来实现，也可以用计算机程序来模拟，是人工智能研究的一种方法。

1. 神经元模型的建立

1）生物神经元的结构与特点

生物神经元结构模型示意图如图 4-12 所示，它由胞体、树突、突触和轴突等构成。胞体是神经元的代谢中心，胞体一般生长有许多树状突起，称为树突，它是神经元的主要接收器。胞体还延伸出一条管状纤维组织，称为轴突。树突是神经元的生物信号输入端，与其他的神经元相连。轴突是神经元的信号输出端，连接到其他神经元的树突上。生物神经元有两种状态，即兴奋和抑制，平时生物神经元都处于抑制状态，树突无输入，当生物神经元的树突输入信号大到一定程度，超过某个阈值时，生物神经元由抑制状态转为兴奋状态，同时轴突向其他神经元发出信号。

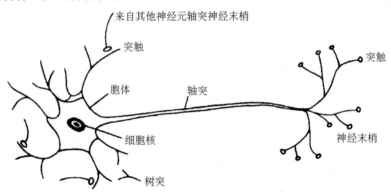

图 4-12　生物神经元结构模型示意图

轴突的作用主要是传导信息，传导的方向是由轴突的起点传向末端。通常，轴突的末端分出许多末梢，它们同后一个神经元的树突构成一种称为突触的机构。其中，前一个神经元的轴突末梢称为突触的前膜，后一个神经元的树突称为突触的后膜。前膜和后膜之间的窄缝空间称为突触的间隙，前一个生物神经元的信息由其轴突传到末梢之后，通过突触对后面各个神经元产生影响。

生物神经元的六个基本特性：

（1）神经元相互连接，呈网状结构；

（2）神经元之间的连接强度决定信号传递的强弱；

（3）神经元之间的连接强度是可以通过训练改变的；

（4）信号可以是起刺激作用的，也可以是起抑制作用的；

（5）一个神经元接收的信号的累积效果决定该神经元的状态；

（6）每个神经元有一个激活的"阈值"。

2）神经元的 MP 模型

根据生物神经元的结构与特性，心理学家 McCulloch 和数理逻辑学家 Pitts 联合建立了人工神经元的数学模型，称为 MP 模型。如图 4-13 所示，一个神经元接收来自前面所有神经元的输入信号 x_1, x_2, $\cdots$, x_n，对应每个输入量都有一个连接强度——权值 w_i，这些信号汇集求和 $\Sigma x_i w_i$ 超过偏置（阈值）b，就会通过激活函数 $f(\ )$ 并输出 y。

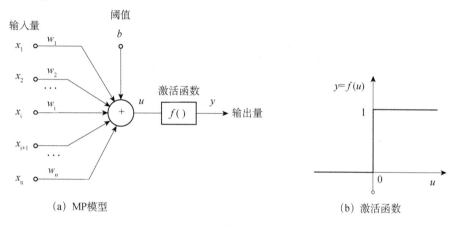

（a）MP模型　　　　　　　　　　（b）激活函数

图 4-13　MP 模型和激活函数

对于激活函数 $f(\ )$，理论上是 0-1 类的阶跃函数，表示事件的发生与否。出于数学处理上的考虑，一般采用 Sigmoid() 函数或矫正线性函数 ReLU，如图 4-14 所示。

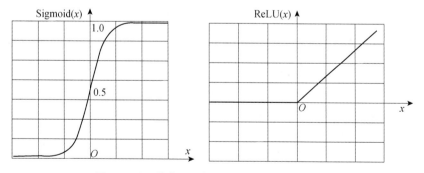

图 4-14　两种激活函数 Sigmoid(x) 和 ReLU(x)

不管采用哪种激活函数 $f(\ )$，神经元的输出都可以表达如下：

$$y = f(\sum_{i=1}^{n} w_i x_i + b) \tag{4-5}$$

事实上，生活中许多事件的发生也可类比神经元的工作原理。例如，对于是否参加晚会事件，输入量是事件触发因素，权值是每个事件的重要程度，汇集求和是将诸因素影响进行叠加，激活函数是触发的阈值。

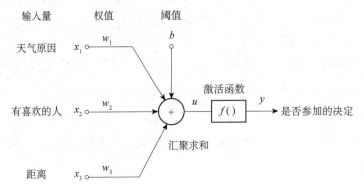

图 4-15　神经元模型实例

假设某人参加晚会的输入向量$\{x_1, x_2, x_3\}=\{0.5, 0.8, 0.2\}$，权值向量$\{w_1, w_2, w_3\}=\{0.6, 0.5, 0.4\}$，$b=-0.5$，则有：

$$\sum_{i=1}^{3} w_i x_i + b = 0.6 \times 0.5 + 0.5 \times 0.8 + 0.4 \times 0.2 - 0.5 = 0.28$$

$$y = f(\sum_{i=1}^{n} w_i x_i + b) = f(0.28) = 1$$

可以预测他可能会参加晚会。这里的权值向量 w 和偏置 b，是通过众多已知样本训练获得的。

2. 神经网络的结构

1）神经网络的基本概念

单个神经元 MP 模型解释了神经元的工作机理，而生物神经系统是由大量（甚至上亿）神经元连接而成的，模仿生物神经系统人们提出人工神经网络（Artificial Neural Network，ANN）模型，它是对人脑神经若干基本特性和工作机理的模拟与仿真，是人工智能领域重要的机器学习方法之一。ANN 具有以下 5 个突出的优点：

（1）可以处理多维输入与输出的映射关系，包括任意复杂的非线性关系；

（2）输入与输出关系由分布存储于网络内的所有神经元决定，故有很强的鲁棒性和容错性；

（3）实现并行分布处理，可以快速进行大量运算；

（4）具有很强的学习功能，因此可以自适应各种不确定系统；

（5）能够进行函数逼近式的定量分析，也能进行分类判别的定性分析。

正是 ANN 具有上述优点，使其在各个领域得到广泛应用。

2）神经网络的结构

人工神经网络有多种结构形式，其中BP（Back Propagation）是目前应用最广泛的神经网络模型。BP神经网络是一种按误差反向传播算法进行学习训练的多层前向网络模型，能够实现各种输入与输出关系的映射，而不需事前揭示这种映射关系的数学表达。BP神经网络采用的学习方法是梯度下降法，通过误差反向传播来不停调整网络的权值 w 和阈值 b，最终达到减少网络的期望输出和实际输出误差平方和的目标，并使其达到最小值。BP神经网络模型拓扑结构包括输入层、隐含层和输出层，隐含层即中间层，可以有多层，每层分布着多个神经元。基于神经网络的输出误差调节权值和偏置如图4-16所示。

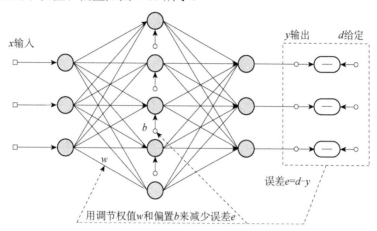

图4-16　基于神经网络的输出误差调节权值和偏置

3. 神经网络的学习与训练

对于BP神经网络，一般采用监督学习模式，这里的监督学习，就是给定输入数据集 x_i 和对应的已知输出 d_i（也称期望输出），训练网络的权值 w 和偏置 b，使其在输入 x_i 下，通过网络产生的实际输出 y_k 与期望输出 d_k 的误差 e 最小，即学习训练的目的是确定网络的两个参数——每个神经元的连接权值 w 和偏置值 b，如图4-16所示。

一般地，神经网络的学习与训练包含两个过程：一个是数据 x 由输入层向输出层的前向计算过程，即输入 x 通过"加权—求和—激活"传给隐含层，隐含层一样也通过"加权—求和—激活"传给下一层，重复这个计算过程，直到最后的输出层得到实际输出 y。另一个过程是误差反向传播过程，就是根据实际输出 y 和对应的期望值 d（标签）计算网络的误差 $e=d-y$，然后从输出层开始由后向前反向计算每层误差 e，根据误差的大小来调整权值 w 和偏置 b，当训练误差满足精度要求时，就获得了神经网络的模型，即训练好了 $w*$ 和 $b*$。

将新的数据 x_{in} 输入神经网络，和前向计算过程一样，一层一层地进行计算传递，就获得了网络的实际输出——预测值，如式（4-6）。

$$\begin{cases} y_h = f(\sum w_i^* x_{in} + b_h^*) \\ y_o = f(\sum w_h^* y_h + b_o^*) \end{cases} \tag{4-6}$$

其中，y_h 和 y_o 分别表示隐含层和输出层的实际输出，w_i^* 和 w_h^* 分别表示输入层和隐含层、隐含层和输出层之间训练好的权值，而 b_h^* 和 b_o^* 分别表示隐含层和输出层训练好的偏置。

神经网络学习训练的步骤如下。

（1）设定神经网络的结构参数：输入节点数、隐含层节点数、输出节点数，以及每层的激活函数 $f(\ )$。

（2）网络初始化。给各层权值 w 和阈值 b 分别赋予一个较小的随机数，设定性能指标（总误差和）和最大学习次数。

（3）随机选取第 k 个输入样本及对应期望输出进行批训练。

（4）前向计算。由输入层开始向前依次计算隐含层及输出层的输出。

（5）利用网络期望输出和实际输出，计算输出节点的总误差。

（6）根据误差的变化，调整各层网络权值 w 和偏置 b，使误差朝不断减小的方向进行。

（7）学习结束判断。判断网络误差是否满足要求，当误差达到预设精度或学习次数大于设定的最大次数，则算法结束，保留训练好的权值 w^* 和偏置 b^*；否则，选取下组学习样本及对应的期望输出，返回到步骤（3），进入下一轮学习训练。

4. 神经网络手写数字识别实例

任务：用 BP 神经网络设计一个手写数字的分类器，可以完成 0～9 手写数字的识别。

1）数据集的制作

收集手写数字图像并进行标注，形成数据集，标签为 10 维向量，某一位 1 代表某个数字图像，如图 4-17 所示，与对应的图像一起存储。

2）手写数字的特征形成

首先将手写数字图像归一到 32×32 的像素矩阵，然后按从左至右的顺序将图像按列堆叠起来，形成 1024 维的特征向量，如图 4-18 所示。

3）BP 神经网络结构的设计

（1）输入节点数的确定。

根据输入特征向量是 1024 维，故选择输入节点数 n_1=1024 个。

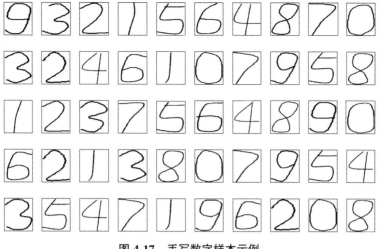

图 4-17 手写数字样本示例

图 4-18 手写数字的特征形成

（2）输出节点数的确定。

辨识 10 个手写数字，以每个节点为 1 代表一个数字的标识，所以输出节点数设为 n_3=10 个。

（3）隐含层节点数的确定。

只采用一个隐含层，其节点数 n_2 可按下列公式估计

$$n_2 = \sqrt{n_1 + n_3} + a$$

式中，a=1～20，为可调常数，可取隐含层节点 n_2=50。

（4）激活函数设计。

由于用 1 作为类别的数值表示，即输出最大限为 1，故隐含层与输出层激活函数都选择 Sigmoid 函数。

（5）输入数据和期望值，按向量排成矩阵组织。

手写数字识别的神经网络如图 4-19 所示。

4）BP 神经网络的学习训练

网络设计和手写数字图像组织完成后，进行 BP 神经网络的学习训练。首先设定训练的参数，训练的性能指标即误差 E 的阈值 E_{th}，当 $E<E_{th}$，训练达标，结束训

练。有时网络结构不合适，或输入数据预处理或规范化不好，性能指标无法满足，为处理这种特殊情况，一般需要设置一个最大循环次数 $N_{\max}$，达到这个上限也结束训练。训练是按误差梯度下降法来完成的，训练过程的误差曲线如图 4-20 所示，纵坐标为性能指标误差平方和 E 的对数值，横坐标为训练次数，以万次为计数单位。

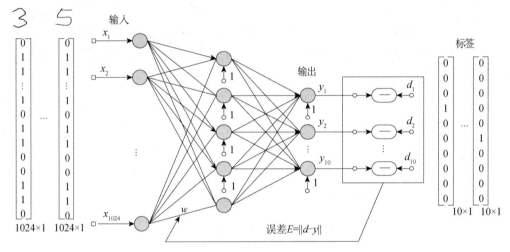

图 4-19　手写数字识别的神经网络

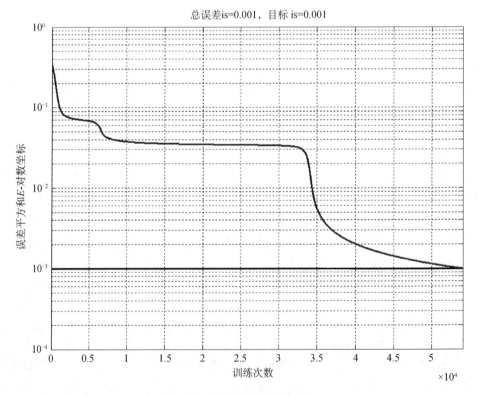

图 4-20　训练过程的误差曲线

完成 BP 神经网络训练，需要对网络性能进行测试，将手写数字输入 BP 神经网络络进行识别验证，如图 4-21 所示。

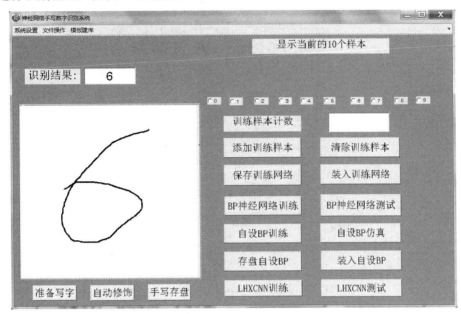

图 4-21　BP 神经网络识别验证实例

4.2.3　深度学习

1. 深度学习简介

传统的 BP 神经网络在机器学习领域得到了广泛应用，但也存在以下一些问题：

（1）BP 神经网络应用于复杂目标识别时，需要对图像数据进行烦琐的预处理工作，包括提取合适的特征，才能保证训练的网络对目标的方位旋转、比例变化、扭曲变形表现出好的鲁棒性，预处理工作量大。

（2）BP 神经网络随着网络层数及节点的增加，由于采用神经元的全连接结构，其训练参数的数量也是成指数增加，所以这就限制了 BP 神经网络层数不能过多，这也是 BP 神经网络大多采用浅层结构的原因。

（3）BP 神经网络采用误差反向传播算法，随着训练过程的进行，误差变化的梯度在不断缩小，使得网络收敛速度过慢。

正是由于这些问题的存在，促使人们不断探索新的神经网络模型。深度学习神经网络就是在这种背景下产生的，和传统的浅层神经网络结构相比，深度学习神经网络将神经元尽可能地排列在不同层上，即使神经元总数相同，但层深明显增加。图 4-22 所示是有 10 个神经元的神经网络的结构，因将更多的神经元集中在同一层，形成的神经网络层次较少，故而称为浅层神经网络。

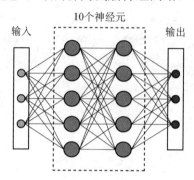

图 4-22　浅层神经网络的结构

　　图 4-23 是将 15 个神经元分别放在 5 个层上，形成的层次就较多，即所谓的深度神经网络。

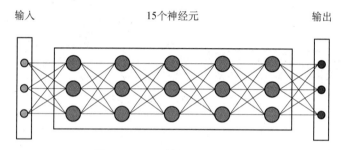

图 4-23　深层神经网络的结构

　　假设神经网络具有相同的输入、输出节点数，对于图 4-22 所示的浅层神经网络，其网络待训练的权值参数个数为 3×5+5×5+5×3=55 个，而对于图 4-23 所示的深度神经网络，其网络待训练的权值参数个数为 3×3+3×3+3×3+3×3+3×3+3×3=54 个，两个网络的参数几乎相等。但实际测试结果表明，图 4-23 所示的深度神经网络误差小于图 4-22 所示的浅层神经网。也就是在训练参数相同时，深度神经网络的性能好于浅层神经网络，并且当神经元达到一定数量后，增加同一层神经元的个数对网络性能的改善有限，远不如增加网络层次对性能的提升大，故为使神经网络获得更好的学习效果，可不断地增加网络的层深。目前，神经网络已由最初 9 层发展至几十层甚至上百层，深度学习也已成机器学习领域研究与应用的重点。

　　深度学习是神经网络学习模式发展的结果，所谓"深度"是指从神经网络"输入层"到"输出层"所经历层次的数目，即"隐含层"的层数越多，深度也越深。所以越是复杂的分类或预测问题，越需要深度的层次。除了层数多外，每层"神经元"的数目也在增加。

　　深度学习的实质是，通过构建具有很多隐含层的机器学习模型和海量的训练数据，来学习更有用的特征，从而最终提升分类或预测的准确性。因此，"深度模型"是手段，"特征学习"是目的。深度学习强调了模型结构的深度，突出了特征学习的重要性，通过逐层特征变换，将样本在原空间的特征表示变换到一个新特征空间，从而使分类或预测更加容易。与人工规则构造特征的方法相比，利用大数据来学习特征，更能够刻画出数据的丰富内在信息。

深度学习的优点是，深度学习提出了一种让计算机自动学习出模式特征的方法，并将特征学习融入建立模型的过程中，从而减少了人为设计特征造成的不完备性。而目前以深度学习为核心的某些机器学习应用，在满足特定条件的应用场景下，已经达到了超越现有算法的识别或分类性能。

深度学习的缺点是，在只能提供有限数据量的应用场景时，深度学习算法不能够对数据的规律进行无偏差地估计。为了达到很好的精度，需要大数据支撑。由于深度学习中模型的复杂化导致算法的时间复杂度急剧提升，为了保证算法的实时性，需要更高的并行编程技巧和更多更好的硬件支持。因此，只有一些经济实力比较强大的科研机构或企业，才能够用深度学习来做一些前沿的应用。目前，深度学习成功应用于计算机视觉、语音识别、记忆网络、自然语言处理等领域。

深度学习有许多不同实现形式，包括卷积神经网络（Convolutional Neural Networks，CNN）、深度置信网络（Deep Belief Networks，DBN）、受限玻尔兹曼机（Restricted Boltzmann Machines，RBM）、递归自动编码器（Recursive Autoencoders，RA）等。这里以 CNN 为例介绍深度学习的原理和应用。

2. 卷积神经网络

卷积神经网络是人工神经网络的一种，由 Yun Lecun 在解决手写邮政编码识别问题时首次提出的，目前已成为语音分析和图像识别领域的研究热点，成为深度学习的代表性模型。CNN 的权值共享网络结构使之更类似于生物神经网络，降低了网络模型的复杂度，减少了权值的数量。CNN 的优点对于输入是多维图像时表现得更为明显，使图像可以直接作为网络的输入，避免了传统识别算法中复杂的特征提取和数据重建过程。卷积网络是为识别二维图像而特殊设计的一个多层感知器，这种网络结构对平移、比例缩放、倾斜或者其他形式的变形具有高度不变性。CNN 一般由卷积层 C（Convolution）、池化层 P（Pooling）和全连接层 FC（Fully Connected）等组成，如图 4-24 所示。

其中，卷积层 C 是对前一层做卷积运算，用于提取图像的特征，一般一个 C 层含有多个特征图（Feature Map）；池化层 P 是前面特征图的子采样，用于降维，减少神经元数量。C 层和 P 层可以多次重复，形成了神经网络"深度"的主干部分。CNN 也和 BP 神经网络一样，是前向传播的，经过多层 C 层和 P 层的传播后获得的二维特征图是已经高度抽象的特征数据，为了辨识它们，将其展平（堆叠）成一个向量，再输入一个 2～3 层的全连接 BP 神经网络，进行识别分类。输入图像若是彩色图像，按 RGB 三基色原理将其分解为红（Red）、绿（Green）、蓝（Blue）三个分量形成输入层，再进行卷积。

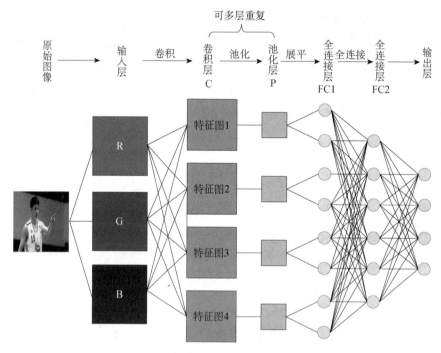

图 4-24　卷积神经网络

1）CNN 中的卷积运算

在 CNN 中，C 层是利用卷积运算来提取图像特征的，卷积是信号分析系统中的一个概念，两个函数 f 和 k 的卷积，相当于将其中的一个函数（比如 k）作为滑动窗口，在另一函数（比如 f）上做乘积求和（积分）。可以通过卷积运算改变函数 f 的某种属性，如信号的滤波；也可提取函数 f 的某些特征，如 f 信号的突变。这个滑动窗口 k 一般称为卷积核（kernel）。信号是一维的，比如语音信号，利用卷积可以提取不同语音特征；信号是二维的，比如图像，利用卷积可以提取图像的边缘及纹理特征。第 l 层是卷积层 C，则本层第 j 个特征图 x_j 是卷积核 k 与前一层（$l-1$ 层）第 i 个特征图 x_i 的卷积的结果：

$$x_j^l = x_i^{l-1} \otimes k \tag{4-7}$$

式中，$\otimes$ 是卷积运算符。图 4-25 所示为二维图像的卷积原理图。

一幅图像也有频率特性，频率高是指图像变化剧烈，频率低是指图像变化缓慢。图像中，处于边缘的灰度梯度变化大，是高频段，利用合适的卷积核就可以通过卷积运算提取图像中物体的边界。

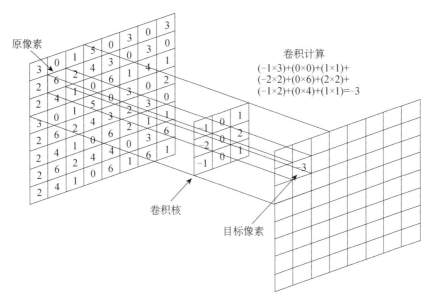

图 4-25 二维图像的卷积原理图

例如，采用两个卷积核，对图 4-26（a）所示的图像做卷积，得到的结果如图 4-26（b）所示，图中可以清楚看到卷积后图像边缘得到加强。一般，图像中的各种物体是通过边缘来分辨的，故卷积可以有效提取物体的边缘特征，这就是 CNN 中为何采用卷积处理的主要原因。

$$\boldsymbol{G}_x = \begin{bmatrix} +1 & 0 & -1 \\ +2 & 0 & -2 \\ +1 & 0 & -1 \end{bmatrix} * \boldsymbol{A} \quad \text{and} \quad \boldsymbol{G}_y = \begin{bmatrix} +1 & +2 & +1 \\ 0 & 0 & 0 \\ -1 & -2 & -1 \end{bmatrix} * \boldsymbol{A}$$

（a）原图像　　　　　　　　　　　　（b）卷积后的结果

图 4-26 图像的卷积实例

2）神经元的连接方式——全连接与局部连接

经典的神经网络采用的是全连接方式，即每层的神经元与前一层所有神经元相连，如图 4-27（a）所示，存在的问题是：

（1）参数数量太多；

（2）没有利用像素之间的位置信息（离得远的像素间的联系少）；

（3）网络层数的限制（通过梯度下降法难以训练全连接网络，其梯度传递层数有限）。例如，对一幅像素为 1000×1000 图像，若下层的神经元有 10000 个，则需要确定连接参数是 10^{10} 个。若层次增加，参数将按指数级增加。而人眼生物机理表明视觉神经具有局部感应效应——视觉野，所以采用局部连接更符合生物视觉原理。局部连接就是采用卷积核和前一层部分神经元进行连接，如图 4-27（b）所示，卷积核尺寸为 10×10，则 10000 个单元和前一层的连接参数只有 10^6 个，比全连接少得多。卷积神经网的卷积层就是采用局部连接。

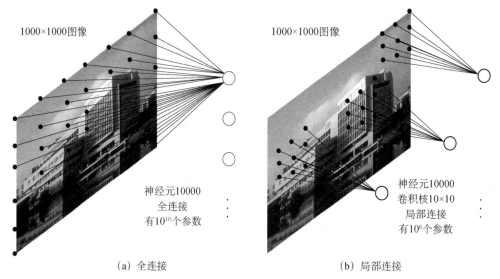

（a）全连接　　　　　　　　　　　　　（b）局部连接

图 4-27　神经元的全连接与局部连接的比较

采用局部连接应尽管减少连接参数，但 10^6 仍然很多，怎么办？让每个神经元的卷积核的权值相同，及所谓的权值共享，那么连接参数只有 10×10=100 个，而且和隐含层神经元的个数无关，这个特征叫作特征图。那这个卷积核不就提取一种图像特征了吗？是的，要提取多种图像特征，就采用多个卷积核，所以对某个隐含层，可以有很多特征图，每个特征图对应一个卷积核，如图 4-24 所示。

3）CNN 中的池化处理

前文已经指出采用卷积核（滤波器）来提取图像特征，一个卷积核只能提取一类特征，要提取多个特征应采用多个卷积核，所以卷积后的 C 层由多个特征图组成，这多个特征图中包含的神经元还是比较多，一种较好的处理方式是对特征图进行池化（Pooling）降维。所谓池化就是按一定的步长，将特征图中邻近的点合并成一个点，合并规则有最大池化和平均池化。

图 4-28 是最大池化的实例，步长为 2，取邻近 4 点的最大值作为新的像素值。

图 4-29 是平均池化的实例，取 4 个邻近像素的平均值作为新的像素值。

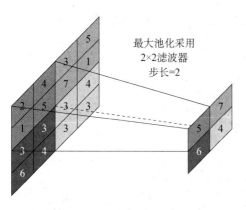

图 4-28　最大池化的实例

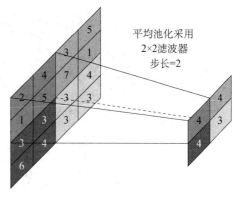

图 4-29　平均池化的实例

两种池化都是采用降维处理方式，l 层对 $l-1$ 层池化处理的第 j 个特征图记作：

$$\boldsymbol{x}_j^l = \mathrm{DownSample}(\boldsymbol{x}_j^{l-1}) \tag{4-8}$$

显然，经过步长为 2 的池化降维处理后，其神经元数量减少了，这在大型网络中有利于提高计算效率。

4）卷积神经网络的结构

卷积神经网络的卷积层 C 用于提取特征，池化层 P 用于降维，C 层有几个卷积核就产生几个特征图，一般特征图越多，网络的辨识能力越强；P 层跟随在 C 层之后，特征图个数与被它池化的前一个 C 层相同，图内神经元数被压缩降维，最初的 CNN 是 C-P 交替出现，现在是 C-C-P 和 C-C-C-P 结构都有，C 层和 P 层越多，识别复杂图像的能力越强，当然带来的计算量也越大。CNN 的结构不像 BP 神经网络那样单一，由于卷积与池化层的存在，卷积核 k 的尺寸、卷积层数、每层提取特征数、激活函数都有很大的选择自由，可以说一个好的、出色的 CNN 结构本身就是一个研究课题。一般，一个 CNN 的结构设计包括以下内容：

（1）确定卷积层与池化层的数量，并做顺序配置；

（2）确定卷积层提取的特征数，即特征图的数量；

（3）确定卷积层卷积核 k 的尺寸，这是训练的主要参数；

（4）确定卷积方式，即完全卷积、有效卷积还是相同卷积；

（5）确定卷积和池化的步长；

（6）确定卷积层的激活函数；

（7）确定全连接 BP 神经网络的结构参数，即隐层节点、激活函数；

（8）确定 CNN 的输出节点数和输出归一化函数。

CNN 结构实例 1：一个彩色图片分类的卷积神经网络，卷积池化层采用了"C-C-P-C-C-P-C-C-P"结构，如图 4-30 所示。和 BP 神经网络类似，一般每个 C 层都有一个激活函数 $f()$，在卷积神经网络中一般采用 ReLU() 函数，训练效果更好。

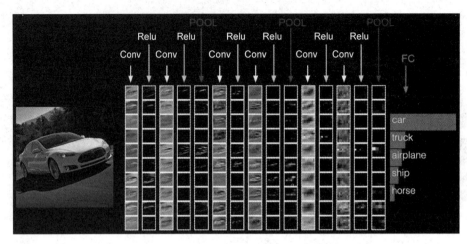

图 4-30　一个彩色图片识别的卷积神经网络

CNN 结构实例 2：VGG 网络，这是 2014 年牛津大学计算机视觉组（Visual Geometry Group）和 Google DeepMind 公司的研究员一起研发出的新的深度卷积神经网络，由 5 层卷积层、3 层全连接层、Softmax 输出层构成，层与层之间使用 Max-pooling（最大化池）分开，卷积核 k 尺寸为 3×3，所有隐含层的激活单元都采用 ReLU ( )函数，如图 4-31 所示。VGG 网络采用了 16～19 层的深度，证明了增加网络的深度能够在一定程度上影响网络最终的性能，使错误率大幅下降，同时拓展性又很强。目前，VGG 网络结构已被广泛用于图像识别与特征提取。

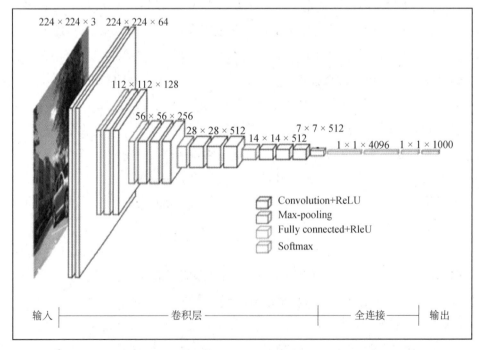

图 4-31　VGG 网络结构

CNN 结构实例 3：GoogLeNet 网络，是谷歌 2014 研发的一种卷积神经网络结构，历经了 Inception v1、v2、v3、v4 多个版本的发展，不断趋于完善，虽然网络层深有 22 层，但训练参数却比 VGG 网络少了很多。其主要特点是采用了 Inception 模块，便于增添和修改，在 Inception 模块中包含了 1×1、3×3 和 5×5 的卷积核，各层根据需要调用 Inception 模块对前一层进行处理，如图 4-32 所示。

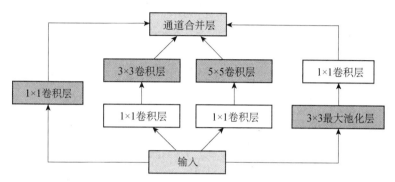

图 4-32　GoogLeNet 网络的 Inception 模块结构

GoogLeNet 主要优点是，减少了网络的训练参数，同时还提高了识别的准确率，不像过去 CNN 主要依赖增加层深来改善网络的性能。

3. 深度学习的开发平台

前文概要介绍了深度学习中 CNN 的结构和工作原理，其实深度学习随着网络层深的增加，其结构和算法也越来越复杂，一方面需要大数据提供学习数据源和 GPU 提供强大的算力，另一方面也需更专业更方便的开发平台。目前世界上较好的深度学习开发平台有 20 多个，其中比较著名的有谷歌的 TensorFlow、伯克利视觉和学习中心的 Caffe、百度公司的 Paddle、亚马孙公司的 Pytorch、谷歌的 Keras 等。这些开发平台基本都是开源框架，有利于 AI 工程师更快地开发出各种 AI 产品，现将其中主要开发平台的特点列于表 4-5。

表 4-5　深度学习主要开发平台的特点

开发平台名称	开发平台的特点
TensorFlow	TensorFlow 最初是由谷歌的研究人员和工程师开发的。这个框架旨在方便研究人员对机器学习的研究，并简化从研究模型到实际生产的迁移过程。特点：使用数据流图（Data Flow Graph）的形式进行计算，图中的节点代表数学运算，而图中的线条表示多维数据数组之间的交互。TensorFlow 因具有灵活的架构，可以部署在一个或多个 CPU 或 GPU 的台式计算机及服务器中，或者使用单一的 API 应用在移动设备中

开发平台名称	开发平台的特点
Caffe	Caffe 是一个重在表达性、速度和模块化的深度学习框架，它由 Berkeley Vision and Learning Center（伯克利视觉和学习中心）和社区贡献者共同开发。特点：速度快，模块化设计，遵循了神经网络的一个简单假设——所有的计算都是以 layer 的形式表示的，layer 要做的事情就是获得一些数据，然后输出计算后的结果
Paddle	Paddle 是百度开发的一个易于使用的，高效、灵活、可扩展的深度学习平台，旨在将深度学习应用于百度的众多产品中。特点：提供动态图和静态图两种计算图。动态图组网更加灵活、调试网络便捷，实现 AI 想法更快速；静态图部署方便、运行速度快、应用落地更高效
Keras	Keras 是用 Python 编写的高级神经网络的 API，能够和 TensorFlow、CNTK 或 Theano 配合使用。特点：强调极简主义，只需几行代码就能构建一个神经网络，并且实现了和 TensorFlow 相同的功能，为 AI 应用提供了更快的捷径
Deeplearning4j	Deeplearning4j 由创业公司 Skymind 于 2014 年发布，是面向 Java 的深度学习框架，也是首个商用级别的深度学习开源库。特点：面向生产环境和商业应用的高成熟度深度学习开源库，可与 Hadoop 和 Spark 集成，即插即用，方便开发者在 APP 中快速集成深度学习功能
PyTorch	PyTorch 是用 PyThon 编写的 Torch 深度学习库，它由 Facebook 创建，目前被广泛应用于学术界和工业界，现已并入 Caffe2 项目。特点：与 NumPy、SciPy 等可以无缝连接，基于 Tensor 的 GPU 加速非常给力，可以动态地设计网络，但模型部署有一定难度

4. 卷积神经网络应用设计实例

任务：用 CNN 设计一个机械零件图片分类器，可以完成 20 种常用机械零件的识别。

1）数据集的制作

首先收集各种常用机械零部件的图片，并做标注，形成机械零件图片数据集，标签为 20 维向量，某一位为 1 时代表某类零件，与对应的图片一起存储。如图 4-33 所示是训练样本实例。

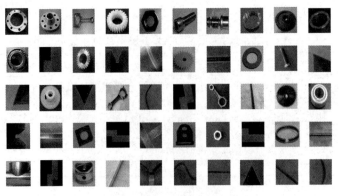

图 4-33　训练样本实例

2）设计 CNN 分类器的网络结构

考虑到效率，输入 CNN 的所有图片并归一化成像素尺寸为 100×100 的"原图像"，卷积层和池化层为 3 组，分别为 C1-P1、C2-P2 和 C3-P3，全连接层为 3 层，加输入层形成一个 10 层的 CNN。结构参数为：各级卷积核 k 的尺寸为 5×5，输入层 A（100×100），卷积层 C1 有 6 个 map，尺寸为 96×96；池化层 P1、P2、P3 的子采样比例均为（2×2），即隔行隔列地进行特征图子采样，P1 尺寸为 48×48；卷积层 C2 采用 12 个 map，尺寸为 44×44；池化层 P2 尺寸为 22×22，卷积层 C3 采用 6 个 map，尺寸为 18×18；池化层 P3 的尺寸为 9×9，有 6 个 map，堆叠成的全连接输入层 FC1 有 81×6=486 神经元点，FC2 为全连接，隐含层取 30 个神经元，零件分为 20 类，故网络输出层为 20 个节点，如图 4-34 所示。

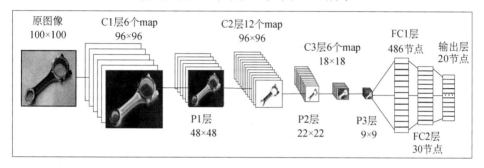

图 4-34　零件识别的 10 层卷积神经网络

3）CNN 的训练和结果

按上面的流程将有标签的机械零件图片分组输入到 CNN，采用 50 个图片为一组即每输入 50 个图片计算总体误差 E，然后将全连接的权值 w、卷积核 k 和偏置 b 按梯度下降原理进行一次更新调整，直到损失满足预定要求。CNN 训练数据的组织如图 4-35 所示。

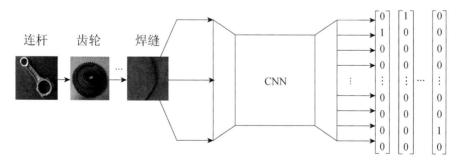

图 4-35　CNN 训练数据的组织

训练次数达 80 万时 CNN 的误差曲线如图 4-36 所示。

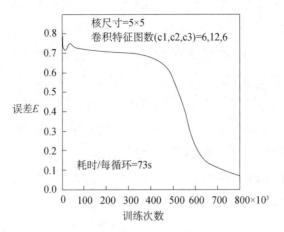

图 4-36　CNN 训练过程的误差曲线

4）CNN 的性能评价

CNN 训练完成后，应通过测试样本进行模型验证，给出评价指标。对于一批测试样本的测试结果，可用 TP（True Positive）表示真的正例样本数，用 TN（True Negative）表示负例样本数，用 FP（False Positive）表示假的正例样本数，用 FN（False Negative）表示假的负例样本数。使用这些参数定义 CNN 的下列评价指标。

（1）准确率（Accuracy）：指对正负例样本总体识别的准确率。

通俗地讲，准确率是指模型预测正确的结果所占的比例，包括正负例样本。准确率的定义如下：

$$Accuracy = \frac{TP + TN}{TP + TN + FP + FN} \tag{4-9}$$

（2）召回率（Recall）：指正例样本的识别率。

对于不平衡样本，单单以准确率一项并不能反映全面情况，可采用召回率评价，其定义如下：

$$Recall = \frac{TP}{TP + FN} \tag{4-10}$$

（3）精确率（Precision）：指正例样本中正例的识别率。

$$Precision = \frac{TP}{TP + FP} \tag{4-11}$$

CNN 在不同的训练次数下，这些指标是不一样的，一般随着训练次数的增多，CNN 的网络参数调整得更加合适，这些指标也越高。此外也可以通过改变 CNN 的卷积核尺寸、卷积核数量、卷积与池化在网络的分布方式，来观察取得的性能指标，这也是进行神经网络优化的一种策略。

对于机械零件识别的 CNN，测试 100 个正例样本和负例样本的结果用混淆矩阵表示，见表 4-6。

表 4-6　100 个测试样本的混淆矩阵

混淆矩阵		预测	
		1	0
实际	1	TP 数 48	FN 数 2
	0	FP 数 3	TP 数 47

机械零件图片 CNN 分类器的性能评价结果如下：

准确率　$Accuracy = \dfrac{TP + TN}{TP + TN + FP + FN} = \dfrac{48 + 47}{48 + 47 + 3 + 2} = 95\%$。

召回率　$Recall = \dfrac{TP}{TP + FN} = \dfrac{48}{48 + 2} = 96\%$。

精确率　$Precision = \dfrac{TP}{TP + FP} = \dfrac{48}{48 + 3} = 94\%$。

第5章 5G 通信与物联网技术应用

![本章内容和学习目标]

本章通过应用案例对 5G 通信与物联网的关键技术进行介绍和剖析，主要包含以下内容：5G 通信与物联网技术在车联网中的应用案例、5G 通信在远程操作中的应用案例、5G 通信与物联网技术在智能物流中的应用案例。

通过本章的学习，学习者应掌握基于 5G 实现物—物互联的原理；能够理解 5G 加速人工智能、实现智能驾驶和智能生产的方法和途径；能够应用 5G 通信与物联网技术知识解决和回答一些复杂问题。

5.1 5G 通信与物联网技术在车联网中的应用案例

5.1.1 智能网联汽车的基本技术

《国家车联网产业标准体系建设指南（智能交通相关）》中对智能网联汽车定义如下：智能网联汽车是指搭载先进的车载传感器、控制器、执行器等装置，并融合现代通信与网络技术，实现车与 X（人、车、路、云端等）智能信息交换、共享，具备复杂环境感知、智能决策、协同控制等功能，可实现"安全、高效、舒适、节能"行驶，并最终可实现替代人来操作的新一代汽车。

根据我国《智能网联汽车技术路线图》，智能网联汽车包含两个层面：一是智能化，二是网联化。

在智能化层面，汽车配备了多种传感器（摄像头、超声波雷达、毫米波雷达、激光雷达），实现对周围环境的自主感知，通过一系列传感器进行信息识别和决策操作，汽车按照预定控制算法的速度与预设定交通路线规划的寻径轨迹行驶。

在网联化层面，车辆采用新一代移动通信技术（LTE-V、5G 等），实现车辆位置信息、车速信息、外部信息等车辆信息之间的交互，并由控制器进行计算，通过决策模块计算后控制车辆按照预先设定的指令行驶，进一步增强车辆的智能化程度和自动驾驶能力。

智能网联汽车核心结构组成如图 5-1 所示。

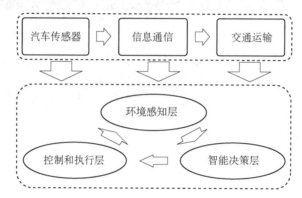

图 5-1　智能网联汽车核心结构组成

1. 环境感知层

环境感知层的主要功能是通过车载环境感知技术、卫星定位技术、4G/5G 及 V2X 无线通信技术等，实现对车辆自身属性和车辆外在属性（如道路、车辆和行人等）静、动态信息的提取和收集，并向智能决策层输送信息。智能网联汽车环境感知示意图如图 5-2 所示。

图 5-2　智能网联汽车环境感知示意图

2. 智能决策层

智能决策层的主要功能是接收环境感知层的信息并进行融合，对道路、车辆、行人、交通标志和交通信号等进行识别，决策分析和判断车辆驾驶模式和将要执行

的操作，并向控制和执行层输送指令。智能网联汽车智能决策示意图如图 5-3
所示。

图 5-3　智能网联汽车智能决策示意图

3．控制和执行层

控制和执行层的主要功能是根据智能决策层的指令对车辆进行操作和协调，
为联网车辆提供道路交通、安全、娱乐、救援、商务办公、在线消费等信息和服
务，以保护汽车安全、舒适驾驶。比较传统车辆，智能网联汽车在功能上主要增
加了环境感知和定位系统、无线通信系统、车辆自组织网络系统和先进的驾驶辅
助系统。

5.1.2　通信、物联网技术在智能网联汽车中的应用

1．智能网联汽车 V2X 技术

V2X 是 Vehicle to Everything 的缩写，即车辆自身和外界事物之间的信息交换。
V2X 作为智能网联汽车通信技术的核心，车辆自身主要与以下外界事物进行信息
交换。

1）V2V

V2V 是 Vehicle to Vehicle 的缩写，即车辆自身与其他车辆之间的信息交换。

车辆自身与其他车辆之间的信息交换内容主要包括以下几点：

（1）当前本体车辆的行驶速度与附近一定范围内车辆的行驶速度；

（2）当前本体车辆的行驶方向与附近一定范围内车辆的行驶方向；

（3）当前本体车辆的紧急状况与附近一定范围内车辆的紧急状况。

2）V2I

V2I 是 Vehicle to Infrastructure 的缩写，即车辆自身与基础设施之间的信息交换。

基础设施主要包括道路、红绿灯、公交站台、交通指示牌、立交桥、隧道、停车场等。车辆自身与基础设施之间的信息交换内容主要包括以下几点：

（1）车辆的行驶状态与前方红绿灯的实际状况；

（2）车辆的行驶状态与途经公交站台的实际情况；

（3）车辆当前行驶的方向、速度与前方交通标志牌所提示的内容；

（4）车辆的行驶状态与前方立交桥或隧道的监控情况；

（5）车辆的导航目的地与停车场空位情况。

3）V2P

V2P 是 Vehicle to Pedestrian 的缩写，即车辆自身与外界行人之间的信息交换。

车辆自身与外界行人之间的信息交换内容主要包括以下几点：

（1）车辆自身的行驶速度与行人当前位置；

（2）车辆自身的行驶方向与行人当前位置。

4）V2R

V2R 是 Vehicle to Road 的缩写，即车辆自身与道路之间的信息交换。按照道路的特殊性而言，V2R 又可分为两大类型，一类是车辆自身与城市道路之间的信息交换，另一类是车辆自身与高速道路之间的信息交换。车辆自身与道路之间的信息交换内容主要包括以下几点：

（1）车辆自身的行驶路线与道路当前路况；

（2）车辆自身的行驶方向与前方道路发生的事故；

（3）车辆行驶的导航信息与道路前方的道路标牌。

5）V2N

V2N 是 Vehicle to Network 的缩写，即车辆自身或驾驶人与互联网之间的信息交换。车辆驾驶人与互联网之间的信息交换主要包括：车辆驾驶人通过车载终端系统向互联网发送需求，从而进行诸如娱乐应用、新闻资讯、车载通信等；车辆驾驶人通过应用软件可及时从互联网上获取车辆安全及防盗信息。

车辆自身与互联网之间的信息交换内容主要包括以下几点：

（1）车辆自身的行驶信息、传感器数据与互联网分析的大数据结果；

（2）车辆终端系统与互联网上的资源进行信息内容的交换；

（3）车辆自身的故障系统与互联网远程求助系统进行信息内容的交换。

车辆的智能化功能主要包括车载传感器的感知功能、汽车数据通信处理功能及数据分析后的决策功能。只有在实现了车辆智能化的基础上，才能利用网络通信技术实现智能网联汽车 V2X 的功能，

2. 5G 网络在 V2X 中的应用

利用增加的数据传输功能，可以提高车辆运输的安全性，包括在智能网联汽车之间共享传感器数据、使用宽带支持和改善定位，以及为自动驾驶共享高精三维地图等。

基于 D2D 技术的 5G 网络将实现车辆与车辆之间、车辆与道路、车辆与行人、车辆与公共设施之间的多通道通信。5G 通信技术在智能网联汽车上的应用上将解决目前网络资源有限的问题。

5G 通信网络可用于采集海量的道路环境数据或车辆与云端之间的环境感知数据。低延迟直接连接可以实现 V2X 车辆与车辆、车辆与道路、车辆与行人、行人与道路的协同通信，解决通信数据安全和用户隐私信息保护等问题，提高 V2X 通信的效率，如图 5-4 所示。

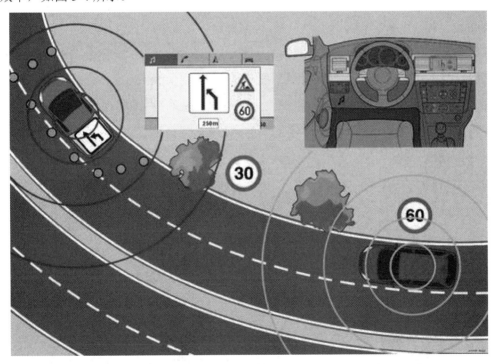

图 5-4　5G 通信网络实现车、人、外界之间的低延迟高速数据共享示意图

在车辆组网应用场景中，车辆终端通过感知无线通信环境获取当前的频谱信息，快速接入空闲频谱，并与其他终端进行有效通信，如图 5-5 所示。动态频谱的

接入提高了频谱资源的利用率。

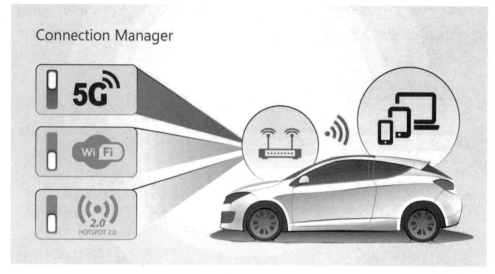

图 5-5　5G 通信网络实现车辆组网与通信示意图

5G 通信网络具有超庞大的网络容量，为每个用户提供每秒千兆数据的速率。5G 网络下 V2V 通信的最大距离约为 1000 米，为 V2X 通信提供高速下行和上行数据传输速率，以便提高车辆之间数据传输的及时性和准确性。

智能网联汽车结合了大数据和通信技术，通过 5G 网络可实现车辆本身与外界物体的通信功能。车辆本身在实现智能化的前提下，可自动激活识别和被识别功能，主要包括自动开启环境感知功能、自动开启数据处理决策功能、自动开启车辆控制功能。5G 网络实现车辆智能化示意图如图 5-6 所示。

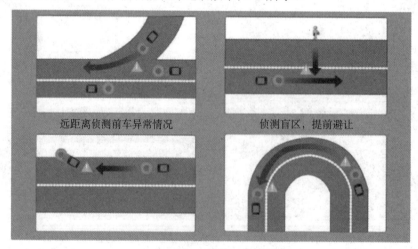

图 5-6　5G 网络实现车辆智能化示意图

智能网联汽车技术真正的难点是安全问题，5G 通信技术应用的真正目的是解决车辆安全驾驶问题，以达到最大限度地减少或减免交通事故的出现，保护车辆数据安全，收集数据，集成数据，实现最大化的安全策略。

5.1.3 智能网联汽车的发展趋势

在 5G 通信网络大量部署的时代，5G 车联网所构建的可多网接入与融合、多渠道互联网接入的体系结构，基于 D2D 技术实现的新型 V2X 的通信方式，以及其低时延与高可靠性、频谱与能源高效利用、优越的通信质量等特点为车联网的发展带来历史性的机遇。5G 车联网因为不需要单独部署路边基础设施、可以和移动通信功能共享计费等，会得到快速发展，应用于高速公路、城市街区等多种环境。5G 车联网不仅仅局限于车与车、车与交通基础设施等信息交互，还可应用于商业领域及自然灾害抢救等场景。

在商业领域，商店、快餐厅、酒店、加油站、汽车 4S 店等场所将会部署 5G 通信终端，当车辆接近这些场所的有效通信范围时，可以根据车主的需求快速地与这些商业机构间建立网络，实现终端之间高效快捷的通信，从而可以快速订餐、订房、选择性地接收优惠信息等，且在通信过程中不需要连接互联网。这将取代目前商业机构中工作在不授权频段、通信不安全、通信质量无法保障、干扰无法控制的蓝牙或者 WiFi 通信方式，也将带动一个新的大型商业运营模式的产生与发展。

智能网联汽车未来的发展趋势如图 5-7 所示。

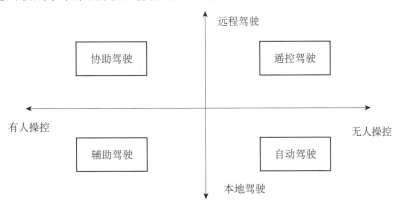

图 5-7 智能网联汽车未来的发展趋势

毫无疑问，随着车辆的大量普及，车辆已经成为人在家、办公室之外最重要的活动场所之一。然而，在发生地震、泥石流等自然灾害，使得通信基础设施被破坏、无法为车载单元提供通信服务时，有相当数量的人可能是正在车辆上或正准备驾乘车辆离开，5G 车载单元可以在没有基础设施协助的情况下，通过基于单跳或多跳的 D2D 方式与其他 5G 车载单元通信。另外，5G 车载终端也可以作为通信中继，协助周边的 5G 移动终端进行信息交互。

5.2 5G 通信在远程操作中的应用案例

5.2.1 实现远程操作的基本技术

既然端到端延时由多段路径上的延时加和而成，仅靠单独优化某一局部的延时是无法满足 1ms 的极致延时要求的，因此 5G 超低延时的实现需要一系列有机结合的技术。5G 低延时的实现将主要遵循的思路是，一方面要大幅度降低空口传输延时，另一方面要尽可能减少转发节点，并缩短源到目的节点之间的距离。此外，实现 5G 低延时还需兼顾整体，从跨层角度出发，使得空口、网络架构、核心网等不同层次的技术相互配合，让网络能够灵活应对不同垂直业务的延时要求。

5G 网络技术中的全光网应该是实现低延时的重要支撑，新型的多址技术可节省调度开销，同时基于软件定义网络（SDN）和网络功能虚拟化（NFV）实现网络切片，并采用 FlexE 技术使业务流最短，以最快的路由到达目的用户。

5G 网络的延时主要有 3 段，空口延时约占 25%、承载网延时约占 20%、核心网延时约占 55%，如图 5-8 所示。减少空口延时采用的主要技术手段是超短帧和提高载波本振频率源短期频率稳定度。承载网采用全光网 G.Metro 技术并以单纤双向传输减少延时差，核心网通过优化转发路由和减少映射复用层次及网络下沉等技术手段实现低延时。

图 5-8 5G 网络的延时

1. 新型帧结构

Frame Structure 是无线通信的核心之一，直接决定了系统的功能设计与服务水平。为了有效降低空口延时，在 3GPP 进行的 NR 研究项目中，在帧结构方面，将考虑采用更短的子帧长度，并在同一子帧内完成 ACK/NACK 反馈。美国运营商

Version 在公布的 5G 通信标准中也遵循了相同的设计思路。

2. 终端直接通信

D2D 并不是 5G 的新技术了，但是 D2D 注定要在 5G 中发扬光大。在传统通信方式中，数据包要经过数个网络节点，每次转发都意味着延时的增加。而终端直接通信的模式不需要通过网络传递就可实现设备之间的通信，使得其应用于车联网等领域具有先天优势。

在 4G 网络中，LTE 移除了 3G 中的 RNC，将 RNC 的大部分功能转移到基站，一部分功能集成到核心网，采用 eNodeB 和 EPC 两层网络结构。这种扁平化结构有效地减少了节点，减少了延时，以满足 LTE 低延时的要求。在 5G 网络中，核心网用户的部分功能将进一步下沉至接入网，原有的集中式核心网变成分布式，核心网功能在地理位置上更靠近终端，从而达到减小延时的目的。

3. MEC

MEC（Mobile Edge Computing，移动边缘计算）技术由国际标准组织 ETSI 提出，基于 5G 演进的架构将基站与互联网业务进行深度融合。MEC 将计算、处理和存储推向移动边界，一方面为移动边缘入口的服务创新提供了无限可能，另一方面使得海量数据可以得到实时、快速处理，以减少延时。

除了上述几个关键技术，无线侧、网络侧的诸多技术都针对延时因素加以增强，渗透着对低延时的考虑。比如 5G 还将通过更精简的信令流程，避免调度、接入过程中的竞争等方式进一步缩短延时。还值得一提的是网络切片。5G 并不需要为低延时需求而构建独立的物理网络，网络切片使得运营商根据需求对网络进行编排，即从一个物理网络切割出独立于其他网络的低延时的端到端网络，或者满足其他需求的网络。因此，网络切片虽然不能缩短端到端延时，但是却将在低延时网络的构建与管理中发挥重要作用。

4. 网络延时的定义

单向延时是指信息从发送方传到接收方所花费的时间，其示意图如图 5-9 所示。

双向延时（Round Trip Time，RTT），是指信息从发送方到达接收方，加上接受方发信息给发送方所花费的总时间，其示意图如图 5-10 所示。双向延时在实际工程中更加常见，在信息发送方或者接收方的其中一方就可以测量出双向延时（利用 ping 等工具）。

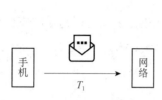

图 5-9 单向延时示意图

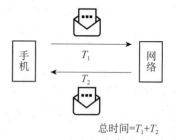

总时间=T_1+T_2

图 5-10 双向延时示意图

5G 网络的 1ms 延时特性最初是由 ITU IMT-2020 M.2410-0（4.7.1）在关于 IMT-2020 系统的设计最小需求中提出的。其适用于超可靠且超低的延时业务。这里的延时是针对用户面的，其示意图如图 5-11 所示。用户面延时是指平时使用手机发送数据的延迟时间，区别于控制面延时（手机进行网络注册或者状态转换经过的信令流程所花费的时间）。另外，1ms 是指无线网络空中（手机和基站之间，不包括核心网、互联网等网络节点）的双向延时。

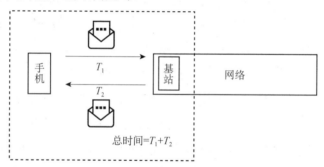

总时间=T_1+T_2

图 5-11 用户面延时示意图

明确了讨论的范围（无线网络空中的双向用户面延时），接下来真正进入正题，即网络空中的延时是如何一步步降下来的？

1）4G 网络延时

4G 网络（特指 LTE 网络），从 2004 年开始标准化，2009 年开始商用网络部署，到现在已经历经了 10 多年，是最成功的无线通信网络之一，已经在全球范围内广泛部署。

最初的 4G 网络，主要关注的业务和应用是 MBB（Mobile Broad Band，移动宽带）业务。通俗地讲，就是提供更大的网络容量，更快的上网速度。

4G 网络标准定义的峰值速率从 300Mbps 到 25Gbps，当在速率更快这条路走得越来越远时，研发人员才发现无线网络的延时水平也需要改善，延时还会从侧面影响下载的速率。谨慎地评估了 LTE 无线网络的现状后发现，空中的延时是未来标准化组织重点关注的研究对象。

而在当时，LTE 网络的延时状况是接近 20ms 的双向延时（理论延迟时间，根据实际无线环境情况一般会更长）。上行延时（从手机到基站）：当手机有一个数据包需要发送到网络侧，需要向网络侧发起无线资源请求的申请（Scheduling request，SR），告诉基站有数据要发送，基站接收到请求后，需要 3ms 时间解码用户发送的调度请求，然后准备给用户调度资源，准备好之后，给用户发送信息（Grant），告诉用户在某个时间某个频率上去发送他想要发送的数据；用户收到了调度信息之后，需要 3ms 时间解码调度的信息，并将数据发送给基站；基站收到用户发送的信息之后需要 3ms 时间解码数据信息，完成数据的传送工作，整个时间共 12.5ms。

下行延时（从基站到手机）：当基站有一个数据包需要发送到终端，需要 3ms 时间解码用户发送的调度请求，然后准备给用户调度资源，准备好了之后，给用户发送信息，告诉用户在某个时间某个频率上去接收数据；用户收到了调度信息之后，需要 3ms 时间解码调度的信息并接收解码数据信息，完成数据的传送工作，整个时间共 7.5ms。所以，总共的双向延时是 12.5ms+7.5ms = 20ms。

从 20ms 开始，到 1ms 要走过怎样的路？

那么梦寐以求的 1ms 延时怎么实现？剩下的使命需要 5G 网络来完成。

2）5G 网络延时

像普通产品一样，一项技术也有自己的生命周期，LTE 网络从应运而生到如今的如日中天已经走过了 10 多个春秋，为什么需要研发 5G 而不是继续提升 4G？因为 LTE 网络从出生伊始已经注定了其延时的下限，而这个下限如今也已经被触达了。下一步需要转向一项延时下限更低的技术去找寻极限。

5G 网络是站在巨人（4G 网络）的肩膀上诞生的，在系统设计之初就将网络延时的特性考虑了进来，成为 5G 网络需求的一部分，即 URLLC（Ultra Reliable and Low Latency Communication，超高可靠通信和超低延时）支持对延时和可靠性要求极高的行业应用，比如智能工厂、远程手术、自动驾驶等。这部分的需求在 5G 网络的第一个版本 Release 15 中满足了一部分。关于超低的延时，1ms 的无线空中接口双向传输延时是怎么一步步实现的呢？

包结构（Packet Structure），在 LTE 网络的延时分析中提到的系统处理时间在延时中所占的比例较大，而且改善较为不易。这部分延时包括了接收包、获取控制信息、调度信息、解调数据及错误检测。在 LTE 网络中是采用方形的包结构，传输的信息分为三部分，即导频信息（Pilot）、控制信息（Control Information）及数据（Data）。这种设计方式被广泛地用来对抗信道衰落。但是，在 5G 网络中 URLLC 包采用的是导频信息、控制信息及数据依次在时域上排列的设计方式，这样做的好处是，其信道估计、控制信道解码、数据的获取可以串行地进行，通过这样的方式可减少处理时间。

信道编码，LTE 网络采用 Turbo 和 Simple Code 编解码数据，从而保证无线传输的可靠性。在 5G 网络中使用的是 LDPC 和 Polar 码来提升数据和控制信道的编解码效率。

LTE 网络规定的一个子载波（传送信息的最小频域单位）是 15kHz，时间域是 1ms（正常情况下）。5G 网络所需要支持的频率范围非常广，中低频范围为 450MHz～6000MHz（FR1），高频范围为 24.25GHz～52.6GHz（FR2）。高频意味着更高的相位噪声，所以需要设计更加宽的子载波间隔来抵御相位噪声的干扰。更宽的子载波间隔，意味着时域上更短的时隙、更短的传输时间间隔。在 LTE 网络时代千方百计想要降低的传输时间间隔问题在 5G 时代只需要使用更高的频段、更宽的子载波间隔就轻而易举地解决了。而且根据不同的频段可以选择从 15kHz、30kHz 到 120kHz 的子载波间隔，可以简单地理解为，5G 子载波间隔相比于 LTE 的 15kHz 增加了多少倍，那么在时域上的传输时间间隔就减少相应的倍数。

在 5G 网络中，微时隙调度继承了 LTE 网络中减小传输时间间隔的设计理念，将最小的传输时间间隔由子帧拓展到了符号。

MAC（媒体接入控制）层的功能是多路逻辑信道的复用、HARQ（混合重传）及调度。关于延时的改善技术在 MAC 层有：异步 HARQ（异步混合重传），当无线环境出现问题等原因造成传输的数据出错，在 MAC 层会由 HARQ 功能来发起重新传输流程。在 LTE 网络中，HARQ 的时间间隔是固定的；而在 5G 网络中，HARQ 的时间间隔是动态指派的，更加的灵活，也符合低延时的设计要求。

对于上行免调度传输（Grant Free Transmission），和 LTE 网络一样，5G 网络可以周期性地给用户分配上行资源（半静态调度）来减少上行的传输延时，而且 5G 网络更进了一步。在 4G 网络中，半静态调度的资源一般是给每个用户单独分配的，所以当网络中用户较多的时候，造成的浪费是非常大的，因为预留的无线资源终端不一定会使用。在 5G 网络中，可以将预留资源分配给一组终端用户，并且设计了当多个用户同时在相同的无线资源上发生冲撞的解决机制。这样，在降低延时的同时使宝贵的无线资源的利用率也得到了保证。

预清空调度（Downlink Preemption Scheduling），其意思是为某个高优先级的用户清空原来已经分配给其他用户的资源。通过这样的方式达到了对时间延迟要求高的用户可以立即传输数据，从而降低了延时

RLC（无线链路控制）层，其主要负责 RLC 数据的切分、重复数据去除、RLC 重传等工作。在 RLC 层中关于低延时的技术考量主要体现在：在 LTE 网络中，

RLC 层还需要负责保证数据的按顺序传递，即前面的包没有向上层传递之前，排在后面的包需要等待。在 5G 网络中，去掉了这样的功能要求来保障低延时水平。这样做的好处是，如果之前有某些包因为某些原因（例如无线环境突然变差）丢失了需要重传，后面的包不需要等到前面的包重传完毕就可以直接向上层传递。

通过使用 30kHz 的子载波间隔、上行免调度及两个符号的微时隙的 5G 网络配置方案，可以实现低于双向延时 1ms 以下的要求。如果采用 5G 高频通信，使用 120kHz 的子载波间隔，延时可以更低。至此，1ms 梦寐以求的目标终于达成。

5.2.2 实现远程操作的处理流程及特点

图 5-12 展示了远程控制的处理流程。为了达到远程控制的效果，受控者需要在远程感知的基础之上，通过通信网络向控制者发送状态信息。控制者根据收到的状态信息进行分析和判断，并做出决策，通过通信网络向受控者发送相应的动作指令。受控者根据收到的动作指令执行相应的动作，完成远程控制的处理流程。

图 5-12 所示的远程控制处理流程会持续进行、不断循环，直到达成目标。而通信网络的主要工作就是传送状态信息及动作指令，通信网络必须保证传输信息和指令的准确性和可靠性。

高可靠和超低延时的网络是保证人机互动获得良好体验的关键。采用以用户为中心的 5G 网络架构，可以有效进行业务感知和分发，极大地缩短业务延时。

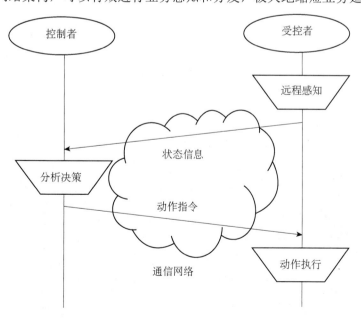

图 5-12 远程控制的处理流程

5.2.3 远程操作具体应用

远程控制的应用如图 5-13 所示。

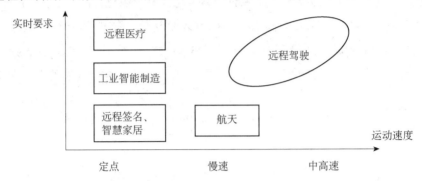

图 5-13 远程控制的应用

图 5-14 所示为远程驾驶实操图。

图 5-14 远程驾驶实操图

图 5-15 所示为远程医疗实操图。

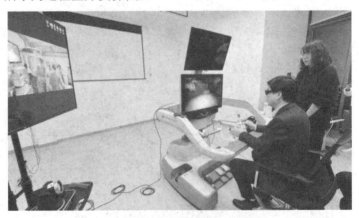

图 5-15 远程医疗实操图

5.3 5G 通信与物联网技术在智能物流中的应用案例

5.3.1 智能物流的基本技术

5G 技术的应用场景之一是 mMTC（海量物联），其强大的连接能力可以快速促进各垂直行业（智慧城市、智能家居、环境监测等）的深度融合。万物互联下，人们的生活方式也将发生颠覆性的变化。这一场景下，数据速率较高且延时较小，连接范围覆盖生活的方方面面，终端成本更低，电池寿命更长且可靠性更高。无线射频识别技术（Radio Frequency Identification，RFID）是一种非接触的自动识别技术，是海量物联的基本技术。RFID 可以识别高速运动的物体，可以识别多个目标实现远程读取，并可工作于各种恶劣环境中。RFID 技术与互联网、移动通信等技术相结合，可以实现全球范围内物品的跟踪与信息的共享，从而给物体赋予智能，实现人与物体、物体与物体的沟通和对话。

5.3.2 5G 网络在物流行业中的应用优势分析

1. 高速度数据传输

5G 网络将会被广泛用于类似于 VR 等视觉模拟领域，带宽大才能提升用户的感受和体验。其实和每一代通信技术一样，确切地说 5G 网络的速度极限目前还未可知，因此通信技术在不断发展，而且峰值速度和实际速度并不一定匹配。但是，在目前制定的标准中，5G 基站检测的带宽峰值要求高于 20Gbps，这也保证了每个用户体验到的带宽速度会非常快。随着新技术的应用，在 5G 网络广泛商用时，这个速度还会有很大提升。高速的带宽特性是物流通信中比较重要的一个优点。无论是物流节点之间的通信，还是底层硬件设备的数据传输，5G 网络提供了高速数据传输的桥梁，使得物流中产生的信息能够迅速传输到其他物流节点，直到整个物流体系得到共享的数据。

2. 网络泛在能力强

网络泛在能力使得网络为更丰富的业务提供服务，适应更为复杂的应用场景。网络泛在能力包括广泛覆盖和纵深覆盖两种。广泛覆盖是指 5G 信号覆盖地域范围广泛。纵深覆盖是指以前在一些信号死角也能被 5G 信号完全覆盖。网络泛在能力在一些特殊场景中也极其重要，少数地方覆盖、速度快的通信系统更加实用。泛在能力是 5G 网络能够广泛应用在新一代物流行业中的前提,如果没有泛在能力强的网络通信技术,物流的很多节点信息都是缺失的,物流运输的安全性也没有保障。

3. 功耗较低

低功耗的特性是 5G 技术支持大规模物联网应用的必须要求。在设备通信过程中,如果遇到特殊环境就会有大量的能量被消耗,因此物联网中的终端设备就不能在实际应用中推广。如果物联网产品的通信能耗能够被有效控制,用户的使用质量就能大幅度提高,现代的物联网产品也会容易被普及。5G 网络中的 eMTC 为了降低物与物之间的通信能耗,缩减了 4G 网络的 LTE 协议。另外,应用 NB-IoT 技术也使得 5G 网络能够基于一些已有的网络架构进行部署,这些架构包括 GSM 和 UMTS。5G 网络的低功耗特性使得物联网、传感网及射频通信等技术能够被广泛应用在物流行业中。

4. 传输低延时

5G 网络的另一个重要特性是低延时,满足无人驾驶、工业自动化等高可靠通信场景。无人驾驶、工业自动化等技术对延时要求极高,远超于人与人交流的 140ms 的延时要求。根据官方预测,未来 5G 网络的最低延时可能达到 1ms,甚至有可能更低。无人驾驶和无人配送一直是物流企业想要实现的项目,由于当前网络通信技术的延时达不到要求而一直耽搁,5G 网络的出现将使得新一代物流行业中很多智能项目特别是无人驾驶和无人配送成为可能。

5. 海量接入特性

到了 5G 时代,终端数量将会膨胀,每个人或者每个家庭都会有若干终端设备。未来接入到网络中的终端,包括我们穿戴的眼镜、腰带、鞋子和衣服等,还包括家中的门窗、门锁、家电等设备,我们的家庭也会因为 5G 网络而成为智慧家庭。5G 网络同时让社会生活中的大量物体例如汽车、井盖等公共设施融入智能体系中而变得智能化。5G 技术能够与物联网完美融合也是促进新一代物流蓬勃发展的一个重要原因,海量接入的特性使得新一代物流行业中每个节点都能被监控和跟踪,同时每一个应用网络体系都能够按需接入到物流体系中,从而提高物流服务的质量。

6. 网络切片化服务

由于目前物流应用场景复杂,使用的终端设备琳琅满目,同时对网络通信技术的要求不一。5G 网络由于具有网络切片化功能,应对不同的场景需求时只需要以业务切片的方式为其调整属性,就能灵活地实现各模块的业务功能。因此,5G 通过网络切片化可以广泛满足新一代物流行业中各种不同的业务需求。

7. 移动边缘计算

移动边缘计算是 5G 网络能够广泛应用在新一代物流行业中的一项关键优势，因为新一代物流行业中移动边缘的场景非常广泛。5G 在组网设计过程中详细解决了移动边缘计算的性能问题，使得边缘计算能够更加高效准确，同时资源分配调度合理，均衡了网络资源。因此，5G 网络能够促进新一代物流行业中移动边缘计算场景的发展。

8. 传输安全性高

基于 5G 的互联网也被称为智能互联网，智能互联网的特征是安全、高效、方便和快捷。信息安全是 5G 之后的第一位要求。5G 网络在构建时就考虑了底层安全问题，因此，5G 网络中信息传输时就会有严格的加密体制，网络通信对外开放性不高，甚至对于一些特殊的客户需求需要专门的安全通道。

5.3.3　基于 5G 网络的智慧化海量接入物流体系

5G 网络能够被广泛应用于物流中，主要是因为物流与物联网的紧密关系，5G 网络海量接入的特性促进物联网在物流行业的应用，促进物流的智慧化发展。新一代物流具有复杂的架构体系，面向智慧化发展，同时具有短链和共生的特征，以及灵活兼容性强，因此 5G 网络使得新一代物流具有良好的接入特性和智慧特性。在新一代物流中，智慧化海量接入的物流体系主要有可视化智慧物流管理体系、智慧化供应链体系、智慧化物流追溯体系。

可视化智慧物流管理体系是一种对照物联网基本架构设计的服务体系，目的是建设全面感知、全局覆盖及全程控制的智能可视化上层应用。5G 通信作为新一代通信技术，具有按需组网、控制转发分离、网络异构灵活及具有适应于嵌入式通信的移动边缘计算等特征，使得 5G 通信可以在可视化智慧物流管理体系中充当传输层，尤其是底层传感器和数据收集智能硬件的数据传输。

该体系架构具有四个层面，包括感知层、传输层、应用层及可视化展现层，每层都需要具有一定的安全体系和标准规范。其中感知层负责部署底层数据采集设备，这一层主要负责数据的收集和整合。传输层包括协同组网和通信模块，协同组网就是使用 5G 和其他通信网络技术进行自组织组网，然后通信模块主要负责数据传输和信息管理，异构网络的整合等也放在这一层。感知层的数据通过传输层送到应用层面，就是平台和应用，这些是物流平台提供的数据整合接口。最后可视化展现层负责调用数据接口和可视化技术完成数据展示。可视化智慧物流管理体系利用 5G 网络的高质量通信实现了物流数据精准可视化，为决策者提供了依据和参考，为管理层提供了实时界面，是新一代物流重要的管理体系。

5.3.4 基于5G网络的新一代物流应用场景

如图 5-16 所示，基于 5G 网络的新一代物流发展的进程是逐步提升的，首先最易于实现的第一阶段应该是 eMBB 场景，因为 5G 网络相比 4G 网络最大的特点就是带宽大，所以基于大带宽的 eMBB 场景应该首当其冲。随着 5G 通信各种技术逐步增强，海量接入的场景才能能够实现，所以第二阶段应该是 mMTC 场景的实现。超低延时的特征不仅需要通信技术具有可靠的数据传输能力，同时需要通信技术能够有效应对外界环境，所以 5G 网络第三阶段应为实现 uRLLC 场景。第四阶段将会是 5G 网络全面推广的阶段，所有原定的期望需求将都会实现，这一阶段中新一代物流将会被全面推进，在切片技术的支撑下，各种业务场景都能够以切片形式融入一体化的物流体系中。

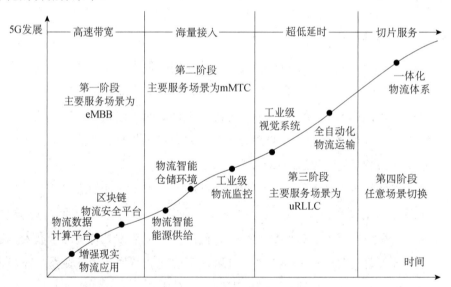

图 5-16　新一代物流演绎进程

近年来，物流行业中的增强现实应用已经被推行，如图 5-17 所示。因此，在物流行业中应用 AR 技术可以降低人员培训成本，甚至在以后全自动化物流环境下，机器人也可以利用 AR 技术完成视觉部分的工作。目前，AR 技术并没有被大量地在企业中推广，主要原因是现有通信技术的带宽无法支撑 AR 技术的商业应用。新一代移动通信技术 5G 具有很大的带宽，并且大规模 MIMO 技术使得其通信稳定，同时 5G 对移动边缘计算的支撑，可以作为 AR 这种高效能视觉应用的数据通信技术。因此，下一代物流的 AR 技术将会依赖 5G 作为其数据通信的支撑，将从物流三个基本环节（仓储、运输、配送）来了解增强现实的应用场景。仓库作业中最难的点是物流的分拣和复核，AR 技术可以在视觉环境中使用箭头导航员工到具体的拣货位置，然后系统会显示需要进行挑拣的货物的数量，员工可以完成拣选操作，同时 AR 技术还可以帮助工程师查看仓库三维布局然后进行调整，完成仓储的设计。在运输过程中，有了 AR 技术和后台运算的支撑，运输人员可以优化运输物品的配载和装载顺序，实现更高效、更准确地装卸和调整货物的流程。在配送环节，AR 技术可以优化配送路线，准确及时地显示路线状况。负责配送的员工给客户散发快递时可以使用 AR 眼镜对快递进行编号检索和门牌号识别，提高派遣效率。5G 作为 AR 的数据通信技术，能够使得工作人员可以无时无刻地使用 AR 眼镜高效完成工作，使得物流从仓储到运输再到配送的作业真正实现一体化。AR 技术在新一代物流行业中是 5G 高带宽特性应用的重要场景，因为 AR 设备对于物流行业来讲是一种辅助设备，能够引导物流工作人员高效地完成仓储、运输、配送等任一环节的工作。

新一代物流的体系架构在技术层面的突破体现在人工智能、大数据、云计算、物联网及区块链等技术在物流领域的突破性发展和大规模应用。区块链技术可以实现供应链整个环节可追溯和识别的目的。云计算和大数据技术可以打通信息交互，以实现最大限度地进行数据共享，促使新物种、新价值及新要素的创造。数据挖掘和算法优化技术可以实现更精准地进行销售预测、网络布局、库存管理、配送路线规划等。人工智能技术在物流领域为物流自动化水平的提高提供智慧支撑，最终实现物流决策跨越式发展。

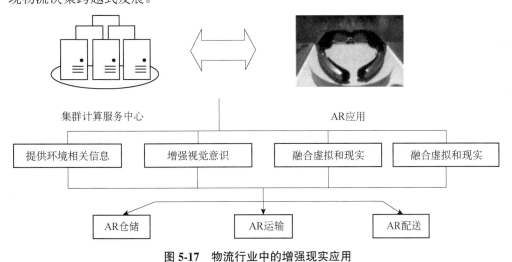

图 5-17　物流行业中的增强现实应用

第6章 大数据与云计算技术应用

![tree icon] **本章内容和学习目标**

本章通过应用案例介绍大数据和云计算技术是如何在智慧城市、智慧交通和电子商务等领域发挥作用的。

通过本章的学习，学习者应能够理解智慧城市和智慧交通的基本概念和核心技术；理解大数据、云计算在智慧城市和智慧交通中的应用；能够应用大数据与云计算技术知识解答一些实际问题。

6.1 大数据与云计算在智慧城市中的应用

智慧城市是运用物联网、云计算、大数据、空间地理信息集成等新一代信息技术，促进城市规划、建设、管理和服务智慧化的新理念和新模式。建设智慧城市，对加快工业化、信息化、城镇化、农业现代化，提升城市可持续发展能力具有重要意义。智慧城市的建设目标主要有：

（1）公共服务便捷化。在教育文化、医疗卫生、劳动就业、社会保障、住房保障、环境保护、交通出行、防灾减灾、检验检测等公共服务领域，基本建成覆盖城乡居民、农民工及其随迁家属的信息服务体系，公众获取基本公共服务更加方便、及时、高效。

（2）城市管理精细化。市政管理、人口管理、交通管理、公共安全、应急管理、社会诚信、市场监管、检验检疫、食品药品安全、饮用水安全等社会管理领域的信息化体系基本形成，统筹数字化城市管理信息系统、城市地理空间信息系统及建（构）筑物数据库等资源，实现城市规划和城市基础设施管理的数字化、精准化，推动政府行政效能和城市管理水平大幅提升。

（3）生活环境宜居化。居民生活数字化水平显著提高，水、大气、噪声、土壤和自然植被环境智能监测体系和污染物排放、能源消耗在线防控体系基本建成，促进城市人居环境得到改善。

（4）基础设施智能化。宽带、融合、安全、泛在的下一代信息基础设施基本建成。电力、燃气、交通、水务、物流等公用基础设施的智能化水平大幅提升，运行管理实现精准化、协同化、一体化。工业化与信息化深度融合，信息服务业加快发展。

（5）网络安全长效化。城市网络安全保障体系和管理制度基本建立，基础网络和要害信息系统安全可控，重要信息资源安全得到切实保障，居民、企业和政府的信息得到有效保护。

6.1.1　智慧城市建设的三个阶段

智慧城市的建设不是一蹴而就的，它应该经历至少三个阶段。

第一阶段：城市硬件建设及网络化（物联网）阶段。在此阶段城市需要进行全方位监控（平安城市）、移动互联（无线城市）等基础硬件建设，使相关城市信息能被采集和存储。

第二阶段：数字化城市建设阶段。结合各种政府公共信息系统，将城市时空信息和其他有关信息融合，对城市进行多分辨率、多尺度、多时空和多种类的多维描述，将城市的过去、现状和未来的全部内容在网络上进行数字化处理，部分消除信息孤岛，使城市有关信息能有机地存储于网络中，为后续处理提供数据基础。

第三阶段：智慧城市建设阶段。结合云计算和大数据技术，对分散在城市各处的信息进行采集和处理，并挖掘其潜在价值，结合城市规划为城市建设、管理和服务提供直接或间接帮助。

6.1.2　时空数据和块数据在智慧城市中的作用

1．时空数据

时间数据是指和时间序列相关的数据，表述了目标事件随时间的不同而发生的变化。现实中数据常常与时间有关，按时间顺序取得的一系列观测值就被称为时间数据，这类数据反映了某一事物、现象等随时间的变化状态或程度。如我国国内生产总值从 1949 年到 2009 年的变化就是时间数据。对时间数据进行更进一步地分析和处理，对人类社会、科技和经济的发展有重大意义。对时间数据可进行年度数据、季度数据、阅读数据等细分，甚至以周、天、时、分、秒为周期，其中很有代表性的季度时间序列模型就是因为其数据具有像四季一样的变化规律，虽然变化周期不尽相同，但是整体的变化趋势都是按照周期变化的。

空间数据是指用来表示空间实体的地理位置和分布特征等方面信息的数据，表述了空间实体或目标事件随地理位置的不同而发生的变化。空间数据是数据的一种特殊类型，通常是带有空间坐标的数据。这类数据一般为地图文件，用点、线、面及实体等表示。一个地图文件通常只包含一种类型的空间数据结构，比如面（代表国家或地区）、线（代表道路或河流）或点（代表特定的地址）。如果想获得比较复杂的地图文件，其中包含多种空间数据结构，通常应将多个地图文件叠加起来。除了地图信息，空间数据还包括地图信息的背景数据，用来描述地图文件上的对象属性。比如，一个地图文件包含街道，那么就需要相应的背景数据来描述该街道的大小、名字或者一些分类信息（分行道、单行道、双行道等）。

时空数据，顾名思义，是指包括与时间序列相关的数据及与空间地理位置相关的数据。时空数据也是现实世界到信息世界的映射，是对现实世界的采样。时空数据往往是多维的，既有空间，也有时间。时间决定了时空数据的趋势性及演变过程。空间决定了时空数据的位置属性和关系属性，包括时空关系。相关文献指出，世界上 80% 的数据与空间有关，实际上世界上几乎 100% 的信息都与时空关联，因为世界就是时空。另外，世界上 85% 的数据是半结构化和非结构化的。

时空数据主要有以下几种数据类型。

①多维数据：三维模型、实景影像、BIM、点云。

②媒体数据：视频图像、影音多媒体。

③位置数据：LBS 轨迹数据、室内地图等。

④物联网数据：各类传感器实时数据、半/非结构化数据。

时空数据就是大数据，也具备 4V 特征。

①Volume：遥感、街景、视频、BIM、位置等数据规模达 PB～EB。

②Velocity：LBS、BIM、遥感、实时传感信息需要快速流转和处理。

③Variety：矢量、栅格、多媒体、BIM、LBS 等数据类型多样。

④Value：海量实景数据中蕴含极高的应用价值。

因此，我们也将时空数据称为时空大数据。

2. 块数据

要了解块数据，应先了解传统的"条"和"块"。"条"和"块"是人们对国家行政管理体制的一种通俗化描述。"条"是指从中央到基层各级政府中业务内容相同或职能性质相似的互相贯通的部门或机构，"块"是指各个层级的地方政府及其内部按照管理内容划分的不同部门或机构。

条数据，是指在某个行业和领域呈链条状串起来的数据。但这些数据被困在一个个孤立的条上，相互之间不能连接起来。如城市各委、办、局独立管理的数据。条数据的特征是领域单一、数据封闭、数据垄断、源自事务流。

块数据：狭义上，块数据是指一个物理空间或者行政区域内形成的涉及人、事、物的各类数据的总和。例如，某城市居民的违章记录、年检记录、信贷记录、犯罪记录、教育情况等信息集。广义上，块数据是指有关块的数据、技术和应用的统一体。

数据是分散的、分割的、碎片化的，当这些分散的、分割的、碎片化的数据聚合在一起的时候，就开始产生"块"。"人"的块数据如图 6-1 所示，"物"的块数据如图 6-2 所示。

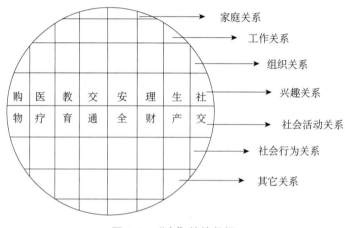

图 6-1　"人"的块数据

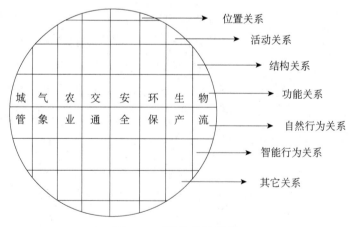

图 6-2　"物"的块数据

块数据主要有高度关联性、多维性、活性、主体性和开放性等特征。

①高度关联性。块数据的来源可能是一条街道、一个社区或一个城市，其高度

关联性体现为：块上人与人之间的社交关联，块上人与组织间的关联，块上人与物的关联，块上人与空间的关联，块上人与物、事件、空间的相互关联。

②多维性。因为块数据的来源广泛，数据模式多样，数据主体还具有时空性，因此其信息可以分出多个不同维度，为分析处理带来困难。

③活性。块数据随时随地都在更新，有着更快的更新率、更高的鲜活度和更快的响应速度。

④主体性和开放性。块数据是以人为本的数据，数据的获取就体现了交换与共享、开放与利用。

块是一个物理空间或者行政区域，本身就是面状的空间数据。块具备空间属性和空间关系。智慧城市中的块可以大到整个城市区域，也可小到一个社区、街道或商区。

块中的对象（人、事、物）具有时态特征，也就是动态存在的。如某个建筑物，从开始建设、竣工、使用到最后损毁，其状态是随时间变化的

所以说块数据是块内时空数据的聚集，时空数据分析是块数据分析的基础。块数据集成管理技术可以用于实现智慧城市大数据一体化融合应用。块数据位置服务技术可以用于实现智慧城市移动互联综合应用。块数据分布式管理技术可以实现智慧城市"横向跨部门、纵向跨层级"的分布式应用。块数据云服务技术可以构建智慧城市数据云平台和全方位创新的应用体系。

在时空数据中，基础地理空间数据的作用尤为突出。基础地理空间数据是城市实体的信息化手段，它能够记录城市的发展轨迹，有利于城市的智慧化管理，引导和规划城市的可持续发展，构建基于时空属性的4D城市模型，并能应用于城市的各种社会化活动。地理空间数据是整合智慧城市各种信息资源的黏合剂。位置空间数据也是推进智慧化应用实施的原动力。各智慧行业的应用离不开位置点、位置关系及空间分析这些空间要素，位置空间数据是实现智慧化的通道，是最终应用中必不可少的要素。各种与大众生活相关的智慧化服务都是在空间位置的关系中进行着各种智慧化计算与服务落地的。如在O2O中，线上是信息交流，线下是位置引导。

6.1.3 大数据和云计算技术在智慧城市建设中的应用

智慧城市集云计算、物联网、移动互联、大数据之大成。智慧城市的建设基于全面物联、充分整合、激励创新和协同运作的思想基础，实现以用户创新、开放创新、大众创新、协同创新为特征的知识社会环境下的可持续创新，通过价值创造，以人为本实现经济、社会、环境的全面可持续发展。

1. 存在的问题

智慧城市具有四大特征：全面透彻的感知、宽带泛在的互联、智能融合的应用及以人为本的可持续创新。建设智慧城市存在的问题主要有：

①信息分散。具体体现在委、办、局各自为政，系统独立建设，因此资源难以共享，信息孤岛严重，无法实现跨部门、跨行业、跨地区的政务信息共享和业务协同。

②系统庞杂。很多系统重复建设，数据也重复购买，项目实施中重建设、轻运维，浪费了巨大的人力、财力和物力。

③数据凌乱。各种系统数据标准没有统一，数据断层严重，数据错误繁多，特别是很多数据中的时空信息缺失，导致条块数据无法叠合。

上面的三个问题在智慧城市建设中会导致另外一个特殊问题，那就是城市特色不突出、市政规划雷同。因为各部门无法提供准确的城市信息供决策，市政规划没有区域特色，以至于千城一面。甚至很多城市相互套用规划方案，方案与自身需求无法匹配。

2. 应用方向

下面列举出当前大数据和云计算技术在智慧城市中应用的几个方面。

1）智慧治理

美国纽约市的警察通过分析交通拥堵与犯罪发生地点的关系，有效地改进了治安；美国纽约市的交通部门从交通违规和事故的统计数据中发现规律，改进了道路设计；电信运营商拥有大量的手机数据，通过对手机数据的挖掘，不针对个人而是着眼于群体行为，可从中分析出实时动态的流动人口的来源及分布情况、出行和实时交通客流信息及拥塞情况；利用手机用户身份和位置的检测可了解突发性事件的聚集情况；利用短信、微博、微信和搜索引擎可以收集热点事件与舆情挖掘。

2）环境监测

通过卫星、无人机、地面无人车等遥感平台采集空间数据，对森林和植被、湖泊、河流、土地进行数据采集监测和分析，借用大数据和云计算相关技术，能够分析城市绿化覆盖率，监测细微颗粒分布情况，判断或预测城市污染程度。

3）智慧医疗

智慧医疗主要体现在医疗模式的开发方面。首先是居家监护，收集中老年人或婴幼儿一段时间（数年甚至数十年）内的健康数据，进行分析和预测，可以从一定程度上避免意外状况的发生；其次是医疗网络监控，根据网民搜索内容分析全球范围内流感等病疫传播状况；再次是个性化医疗，有研究表明，同样的治疗对一些病人无效，75%的癌症病人、70%的老年痴呆者、50%的关节炎病人、43%的糖尿病患者、40%的哮喘病患者、38%的抑郁症病人，因为人体对药品代谢方式的差异取决于个体特定的基因、酶和蛋白质组合，因此基因信息对选择最优治疗非常关键。对人个性体质的挖掘会做到真正意义上的对症下药，一个人的基因信息量大概为1GB。另外，还有参考舆情监督，可以通过社交网络获取许多患者分享的临床症状和经验，增加医院在这些方面的临床统计资料。

4）智慧能源

利用物联网、大数据和云计算等技术，主管部门可以实时采集城市中水、电、气、暖等城市生活必不可少的能源的使用数据，并做出细致地分析，引导城市实现绿色环保和可持续发展。

5）舆情监测

随着大众传播及新型传播的发展，传播领域将产生大量数据。互联网具有虚拟性、隐蔽性、发散性、渗透性和随意性等特点，例如微博传播具有裂变性、主动性、即时性、便捷性、交互性、草根性、跟进性和临场感，每个微博用户既是"服务器"，也是"受众"。

通过互联网进行舆情监测，主要可以应用于政府决策、商品销售、产品研发等方面。政府通过舆情监测，及时发现存在的负面舆情，进行引导和调控，稳定社会；企业通过舆情监测，分析用户需求和需求分布，控制主流和非主流商品的销售状况；科研机构通过舆情监测，获取社会对科研产品的需求情况，确定研发方向和研究课题。

6）精准营销

精准营销包括两个方面，一是根据顾客需求，在合适的时间，通过合适渠道，把合适的营销信息投送给每个顾客；二是通过分析顾客行为，进行商品的预备。

对于第一方面，现在许多大公司如今日头条、百度、阿里巴巴都已经做得十分完善。对于第二方面，仍有更多的开发空间。以身边的商家为例，首先是外卖行业，现在存在送货慢、备餐久等问题，商家可以通过分析点餐者的点餐时段、菜品偏好，提前准备好餐品，并和外送公司达成沟通，提高送餐效率。其次是零售超市，目前存在的问题是，超市和顾客供需不对等、商品月均销量起伏较大等，这影响了超市的经营和顾客的体验。超市可以通过分析需求，在需求剧烈的时段增加商品供应，或者可以在销售淡季进行回馈活动来增长销量等。

7）犯罪预警

可以通过监测通话、聊天等信息获取可能存在的犯罪情况。在实施的过程中应规避法律和个人隐私等问题。

8）市场价格监测

通过分析，可以发现正常的价格变化规律，如果价格变化持续异常，就可以怀疑存在价格垄断的行为。市场价格监测可以为政府进行宏观调控提供参考和依据。

6.2 大数据与云计算技术在智慧交通中的应用

6.2.1 智慧交通概况

智慧交通是在智能交通（简称 ITS）的基础上，在交通领域中充分运用物联网、云计算、互联网、人工智能、自动控制、移动互联网等技术，使交通系统在区域、城市甚至更大的时空范围具备感知、互联、分析、预测、控制等能力，以充分保障交通安全、提升交通系统运行效率和管理水平。

换言之，智慧交通让城市的交通系统"看得见、看得懂"，不仅能缓解道路拥堵等"城市病"，还能保障交通安全、丰富人们的出行方式。例如，可以利用智慧交通系统查处交通违规现象、检测司机的驾驶状态、助力路面交通顺畅等。

近年来，我国智慧交通发展取得了明显的成效，基础设施和装备智能化水平大幅提升。政府从路网规划、交运系统建设、交通管理等角度推进智慧交通。

与此同时，众多企业也在交通运输领域积极布局，新业态、新产品不断涌现。如腾讯在智慧交通领域的探索已覆盖停车场无感支付、共享单车、腾讯乘车码乘公交/地铁等；阿里也推出了支付宝扫码乘车，并宣布升级汽车战略，利用车路协同技术打造全新的"智能高速公路"；华为、百度等也从无人驾驶、车路协同、智慧城市、智慧高速等多个角度抢滩布局智慧交通市场。

目前，智慧交通正在向智能建造、智能服务、智能安全保障和智能经营方向发展；未来，智慧交通在立足于缓解交通拥堵、提高安全保障的同时，将会更多关注效率、服务和环保等方面。

智慧交通各领域所涵盖的企业众多，面对不断增长的市场需求，未来对于企业及其产品的智能化、落地化也提出了更高的要求。

智慧交通涉及道路交通监控、电子警察/卡口、交通信号控制、交通信息采集和诱导、智慧公共交通、不停车收费 ETC、车联网等，数据庞大、系统复杂，这为周边设备的性能要求增加了更多门槛。

6.2.2 新技术的融合

1. 物联网相关技术

智能识别和无线传感技术是用于标识和感知物体的最主要技术手段，是整个智慧交通建设的基础。智能识别是指每个物品都拥有唯一的条码、二维码或 RFID 标签，这些电子标签中封存着它们独有的特征及位置信息，然后这些信息被智能设备读取并传输至上层系统进行识别处理和最终决策。无线传感网络（Wireless Sensor Networks，WSNs）是指由部署在目标监测区域内的大量低成本微型传感器节点构成的多跳自组织网络，节点之间通过无线方式交换信息，有着灵活、低成本和便于部署的优势。智慧交通网络中，传感器分为采集节点和汇聚节点，每个采集节点都是一个小型嵌入式信息处理系统，负责环境信息的采集和处理，然后发送至其他节点或者传输至汇聚节点；汇聚节点接收各采集节点传来的信息，进行融合处理后再传送至上一级处理中心。作为物联网的底层网络，无线传感网络为智慧交通提供了一个更加安全、可靠、灵敏的解决方案。但传感器节点的能耗和寿命问题不容忽视，否则日后的设备维护工作将耗费大量的人力和财力。

2. 大数据相关技术

智慧交通中数据的海量性、多样性、异构性都决定了处理的复杂性，简单到交通设施及来往车辆数据的收集，复杂到交通事件的检测和判定，都需要对数据进行实时、准确地处理。智慧交通中常用的数据处理技术有数据融合（Data Fusion）、数据挖掘（Data Mining）、数据活化（Data Vitalization）、数据可视化（Data Visualization）等，除此以外，还必须做到数据的选择性上传，保证个人隐私数据的安全。

数据融合是一种涉及人工智能、通信、决策论、估计理论等多个领域的综合性数据处理技术，能从数据层、特征层和决策层三个层次上对多源信息进行探测、通信、关联、估计与分析。由于数据融合涉及的传感器种类过多、信息获取过于频繁，融合之前还需要对数据进行时间和空间预处理，时空对准能避免数据管理的混乱，同时提高数据的一致性和可靠性，从而保证决策的正确性。智能交通系统的应用已有一段时间，产生的交通信息数据量越来越大，如果只是单纯地存储和分立处理，成本过高且无法发挥其应有价值。数据挖掘技术的引入，能从这些海量的独立数据中发掘出真正有价值的信息，将有噪声的、模糊的、无规律的数据处理成为有用的知识。

数据活化是一种新型数据组织与处理技术，简而言之，就是赋予数据生命。数据活化最基本的单位是"活化细胞"，即兼具存储、映射、计算等能力，能随物理世界中数据描述对象的变化而自主演化，具有随用户行为对自身数据进行适应性重组的功能单元。数据活化的应用将为交通领域带来一场颠覆式的变革。未来的智慧交通将逐渐向以数据为驱动的方向发展，即采用多种手段对 POI 数据、GPS 数据、客流情况等智能交通数据进行分析，由数据的分析结果来了解城市的交通情况，为居民提供导航、定位、公告、交通引流等服务。

3. 云计算相关技术

智能交通领域各系统整体尚处于信息分立、各自为战的状态，数据难以相互传递，严重浪费数据资源。智能交通云主要面向交通服务行业，是一种融合了云计算的智能交通管理技术，充分利用了云计算的海量存储、信息安全、资源统一处理等优势，为交通领域的数据共享和有效管理提供了新的思路。类似于常规云计算服务，智能交通云服务也可分为 IaaS、PaaS、SaaS 三个层次。其中，IaaS 提供支撑智能交通的基础计算能力、数据存储和 I/O 带宽；PaaS 为部门和最终用户提供智能交通云处理的相关平台支撑；SaaS 除了面向智慧交通相关部门，还可以面向其他非交通部门，为诸如城市规划部门提供更好的软件服务。作为智慧交通未来的发展方向之一，智能交通云处理平台可以实现海量数据的存储、预处理、计算和分析，能有效缓解数据存储和实时处理的压力，具有极高的发展潜力。

6.2.3 典型应用案例

1. 智能车辆

智能车辆的研究始于美国的自动引导车辆系统（Automated Guided Vehicle System，AGVS），之后西欧多个国家纷纷开始了车辆的智能化研究，可以预见，智能车辆将成为汽车行业发展的必然趋势。通过模糊逻辑技术和人工神经网络技术可实现车辆的人工智能，为模拟驾驶者做出合理的路径规划和突发事件决策，这对减少交通事故率、提高道路安全有很重要的意义。目前，智能车辆研究主要集中在环境感知、驾驶员行为监测系统、车辆运动控制系统、防撞预警系统、规范环境下的智能巡航控制系统、极端情况下的辅助驾驶系统等方面，相关技术诸如雷达、GPS精度、磁道钉、CCD、通信协议及各种智能算法是目前研究的热点。

2. 智能公交

作为城市居民出行的主要方式，公交和私家车相比在运输能力、相同载客量下的油耗、占地、价格等方面都有着不可比拟的优势。智能公交系统是指结合了智能识别、网络通信、GIS 等先进技术，在调度、运行、路径规划及乘客服务等方面进行信息化、规范化高效管理的综合性公共交通系统。智能公交系统就相当于一个小型交通物联网，车载传感器、站台设备和 IC 卡都是用于收集现场数据的智能终端，数据通过网络传送至公交调度中心，处理后通过智能站牌报站和公布周围环境、客流量等信息。北京、苏州、常州等城市的智能公交系统都已逐步投入运行，为居民的出行提供了很大便利。

3. 智能停车

城市汽车数量日益增加，停车和停车管理便成了城市建设和管理的难点，传统的人力管理有太强的主观性和局限性，视频监控方式易受恶劣天气影响，磁卡收费方式无法避免磁卡的老化消磁和近距离识别限制。目前，很多发达国家都启用了自己的智能停车系统，我国的停车管理也正步入智能时代。2014 年，阿里云率先进军智能停车领域，在杭州建成了一套智能停车收费系统。系统覆盖杭州市各区两万多个停车位，通过每个停车位上的智能地感对车辆的进出做出感应，从而向停车管理员的手持设备发出信息，有效提高了停车位的循环使用效率。嵌入式、RFID、蓝牙等物联网技术也纷纷被应用于智能停车场监控系统。智能停车的发展将大大降低城市停车和管理的难度。

6.3 大数据与云计算技术在智能推荐系统中的应用

6.3.1 智能推荐系统的概念

对于信息消费者，需要从大量信息中找到自己感兴趣的信息，而在信息过载时代，用户难以从大量信息中获取自己感兴趣或者对自己有价值的信息。

对于信息生产者，需要让自己生产的信息脱颖而出，受到广大用户的关注。从物品的角度出发，推荐系统可以更好地发掘物品的长尾（Long Tail）。

长尾效应是美国《连线》杂志主编 Chris Anderson 在 2006 年出版的《长尾理论》一书中提出的，传统的 80/20 原则（80%的销售额来自 20%的热门品牌）在互联网的加入下会受到挑战。在互联网环境下，由于货架成本极端低廉，电子商务网站往往能出售比传统零售店更多的商品。这些原来不受到重视的销量小但种类多的产品或服务由于总量巨大，出现了累积起来的总收益超过主流产品的现象。

主流商品往往代表了绝大多数用户的需求，而长尾商品往往代表了一小部分用户的个性化需求。

智能推荐系统通过发掘用户的行为，找到用户的个性化需求，从而将长尾商品准确地推荐给需要它的用户，帮助用户发现他们感兴趣但很难发现的商品。

智能推荐系统的任务在于，一方面帮助用户发现对自己有价值的信息，另一方面让信息能够展现在对它感兴趣的用户面前，从而实现信息消费者和信息生产者的双赢。

概括起来，智能推荐系统可提供满足以下目标的推荐数据。

①用户满意度：智能推荐系统的主要目标是满足用户的需求，因此准确率是评判一个智能推荐系统优劣的最关键指标。

②多样性：虽然智能推荐系统的主要目标是满足用户的需求，但是也要兼顾内容的多样性，对于权重不同的需求和兴趣都要做到兼顾。

③新颖性：用户看到的内容是那些他们之前没有看到过的物品，简单的做法就是在推荐列表中去掉用户之前有过行为的内容。

④惊喜度：和新颖性类似，新颖性只是强调用户没看到过但是确实是和他们的行为是相关的，而惊喜度强调的是用户既没有看过，同时和他们之前的行为也不相关，但用户看到后的确会喜欢的。

⑤实时性：智能推荐系统应能根据用户关注过的文章的上下文来实时更新推荐内容，用户的兴趣也是随着时间而改变的，需要实时更新。

⑥推荐透明度：对于用户看到的最终结果，要让用户知道推荐此内容的原因。例如，你购买过的 xx 和此商品类似。

⑦覆盖率：挖掘长尾内容也是智能推荐系统很重要的目标。因此，推荐的内容覆盖面越广越好。

基于以上目标，智能推荐系统包括以下四种推荐方式。

①热门推荐：即热门排行榜。这种推荐方式不仅仅限于 IT 系统，在日常生活中也是处处存在的。这应该是效果最好的一种推荐方式，毕竟热门推荐的物品都是位于曝光量比较高的位置的。

②人工推荐：人工干预的推荐内容。一些热点时事如世界杯、NBA 总决赛等就需要人工加入推荐列表，同时热点新闻带来的推荐效果也是很高的。

③相关推荐：类似于关联规则的个性化推荐，就是用户在阅读一篇内容时，会提示用户阅读与此相关的内容。

④个性化推荐：基于用户的历史行为做出的内容推荐。

上述四种推荐方式中，前三者并不算智能推荐，但却是推荐效果最好的三种方式。一般说来，这三种方式推荐的内容占到总的推荐内容的 80%，另外 20%则是对长尾内容的个性化推荐。

6.3.2 智能推荐数据平台

Lambda 架构是一个大数据平台和大数据处理架构，可以用作搭建智能推荐系统的底层数据平台。Lambda 架构的目标是设计出一个能满足实时大数据系统关键特性的架构，包括高容错、低延时和可扩展等。Lambda 架构整合了离线计算和实时计算、融合不可变性、读写分离和复杂性隔离等一系列架构原则，可集成 Hadoop、Kafka、Storm、Spark、HBase 等各类大数据组件。

大数据系统应具有以下关键特性。

①容错性和鲁棒性：对大规模分布式系统来说，机器是不可靠的，即使遇到机器错误，都要求系统健壮、行为正确。除了机器错误，人更可能会犯错误。在软件开发中难免会有一些 Bug，系统必须对有 Bug 的程序写入的错误数据有足够的适应能力，所以比机器容错性更加重要的容错性是人为操作容错性。对于大规模的分布式系统来说，人和机器的错误每天都可能会发生，如何应对人和机器的错误，让系统能够从错误中快速恢复尤为重要。

②低延时：很多应用对于读和写操作的延时要求非常高，要求对更新和查询的响应是低延时的。

③横向扩容：当数据量/负载增大时，可扩展性的系统通过增加更多的机器资源来维持性能。也就是常说的系统需要线性可扩展，通常采用增加机器的个数而不是增强机器的性能的方式。

④通用性：系统需要能够适应广泛的应用，包括金融领域、社交网络、电子商务数据分析等。

⑤可扩展：需要增加新功能、新特性时，可扩展的系统能以最小的开发代价来增加新功能。

⑥方便查询：数据中蕴含价值，需要能够方便、快速地查询出所需要的数据。

⑦易于维护：系统要想做到易于维护，其关键是控制其复杂性，越是复杂的系统越容易出错、越难维护。

⑧易调试：当出问题时，系统需要有足够的信息来调试错误，找到问题的根源，其关键是能够追根溯源到每个数据生成点。

为了设计出能满足前述大数据关键特性的系统，我们需要对数据系统有本质性的理解。我们可将数据系统简化为：数据系统=数据+查询。

数据是一个不可分割的单位，数据有两个关键的性质，即 When 和 What。

When 是指数据是与时间相关的，数据一定是在某个时间点产生的。比如 Log

日志就隐含着按照时间先后顺序产生的数据，Log 前面的日志数据一定先于 Log 后面的日志数据产生；消息系统中消息的接收者一定是在消息的发送者发送消息后接收到消息。而对于数据库，数据库中表的记录就丢失了时间先后顺序的信息，中间某条记录可能是在最后一条记录产生后发生更新的。对于分布式系统，数据的时间特性尤其重要。分布式系统中数据可能产生于不同的系统，时间决定了数据发生的全局先后顺序。

What 是指数据的本身。由于数据与某个时间点相关，所以数据的本身是不可变的，过往的数据已经成为事实，用户不可能回到过去的某个时间点去改变数据事实。这也就意味着对数据的操作只有两种：读取已存在的数据和添加更多的新数据。

根据上述对数据本质特性的分析，Lamba 架构对数据存储采用的方式是：数据不可变，存储所有数据。

当前业界有很多采用不可变数据模型来存储所有数据的例子。比如分布式数据库 Datomic，基于不可变数据模型来存储数据，从而简化了设计。分布式消息中间件 Kafka，基于 Log 日志，以追加 Append-only 的方式来存储消息。

查询是个什么概念？Marz 给出的定义是：

$$Query=Function(All\ Data)$$

该等式的含义是：查询是应用于数据集上的函数。该定义看似简单，却几乎囊括了数据库和数据系统的所有领域，即 RDBMS、索引、OLAP、OLTP、MapReduce、EFL、分布式文件系统、NoSQL 等都可以用这个等式来表示。

让我们进一步深入分析函数的特性，从而通过挖掘函数自身的特点来执行查询。

有一类称为 Monoid 特性的函数应用非常广泛。Monoid 的概念来源于范畴学，其重要特性之一是满足结合律。如整数的加法就满足 Monoid 特性：

$$(a+b)+c=a+(b+c)$$

不满足 Monoid 特性的函数很多时候可以转化成多个满足 Monoid 特性的函数的运算。如多个数的平均值 Avg 函数，多个数没法直接通过结合来得到最终的平均值，但是可以拆成分母除以分子的形式，分母和分子都是整数的相加，从而满足 Monoid 特性。

Monoid 的结合律在分布式计算中极其重要，满足 Monoid 特性意味着可以将计算分解到多台机器并行运算，然后再结合各自的部分运算结果得到最终结果。同时也意味着部分运算结果可以储存下来被其他运算共享和利用（如果该运算也包含相同的部分子运算），从而减少重复运算的工作量。

在上文对数据系统本质探讨的基础上，接下来讨论大数据系统的关键问题：如何实时地在任意大数据集上进行查询？大数据加上实时计算，问题的难度比较大。

最简单的方法是，根据前文所述的查询等式 Query=Function（All Data），在全体数据集上在线运行查询函数得到结果。但如果数据量比较大，该方法的计算代价太大了，所以不易现实。

Lambda 架构通过分解的三层架构（Batch Layer、Speed Layer 和 Serving Layer）来解决该问题。

Batch Layer 的功能主要有：存储数据集；在数据集上预先计算查询函数，构建查询所对应的 View。

根据前文对数据 When&What 特性的讨论，Batch Layer 采用不可变模型存储所有的数据。因为数据量比较大，可以采用 HDFS 之类的大数据储存方案。如果需要按照数据产生的时间先后顺序存储数据，可以考虑如 InfluxDB 之类的时间序列数据库（TSDB）存储方案。

上文提及根据等式 Query=Function（All Data），在全体数据集上在线运行查询函数得到结果的代价太大。但如果我们预先在数据集上计算并保存查询函数的结果，查询时就可以直接返回结果（或通过简单的运算就可得到结果），而无须重新进行完整费时的计算。这儿可以把 Batch Layer 看成是一个数据预处理的过程。我们把针对查询预先计算并保存的结果称为 View，View 是 Lamba 架构的一个核心概念，它是针对查询的优化，通过 View 即可以快速得到查询结果。

如果采用 HDFS 来储存数据，我们就可以使用 MapReduce 在数据集上构建查询的 View。Batch Layer 的工作可以简单地用如下伪码表示：

```
While(true){
recomputeBatchView();
}
```

任何人为或机器发生的错误，都可以通过修正错误后重新计算来恢复并得到正确结果。

View 是一个和业务关联性比较大的概念，View 的创建需要从业务自身的需求出发。一个通用的数据库查询系统，查询对应的函数千变万化，不能穷举。但是如果从业务自身的需求出发，可以发现业务所需要的查询常常是有限的。Batch Layer 需要做的一项重要的工作就是根据业务的需求，考察可能需要的各种查询，根据查询定义其在数据集上对应的 Views。

Batch Layer 可以很好地处理离线数据，但有很多场景数据不断实时生成，并且需要实时查询处理。Speed Layer 正是用来处理增量的实时数据的。

Speed Layer 和 Batch Layer 比较类似，对数据进行计算并生成 Realtime View，其主要区别在于：

①Speed Layer 处理的数据是最近的增量数据流，Batch Layer 处理的是全体数据集

②为了效率，Speed Layer 接收到新数据时不断更新 Realtime View，而 Batch Layer 根据全体离线数据集直接得到 Batch View。

Lambda 架构的 Serving Layer 用于响应用户的查询请求，合并 Batch View 和 Realtime View 中的结果数据集到最终数据集。

这里涉及数据如何合并的问题。前文讨论了查询函数的 Monoid 性质，如果查询函数满足 Monoid 性质，即满足结合律，只需要简单地合并 Batch View 和 Realtime View 中的结果数据集即可。否则，可以把查询函数转换成多个满足 Monoid 性质的查询函数的运算，单独对每个满足 Monoid 性质的查询函数进行 Batch View 和 Realtime View 中的结果数据集合并，然后再计算得到最终结果数据集。另外，也可以根据业务自身的特性，运用业务自身的规则来对 Batch View 和 Realtime View 中的结果数据集进行合并。

图 6-3 所示为 Lambda 架构，该图展示 Lambda 架构完整的视图和流程。

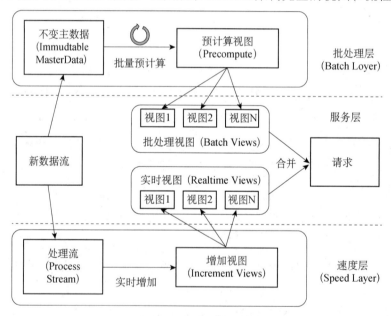

图 6-3　Lambda 架构

数据流进入系统后，同时发往 Batch Layer 和 Speed Layer 进行处理。Batch Layer 以不可变模型离线存储所有数据集，通过在全体数据集上不断重新计算构建查询所对应的 Batch Views。Speed Layer 处理增量的实时数据流，不断更新查询所对应的 Realtime Views。Serving Layer 响应用户的查询请求，合并 Batch View 和 Realtime View 中的结果数据集到最终数据集。

数据流存储可选用基于不可变日志的分布式消息系统 Kafka；Batch Layer 数据集的存储可选用 Hadoop 的 HDFS，或者是阿里云的 ODPS；Batch View 的预计算可以选用 MapReduce 或 Spark；Batch View 自身结果数据的存储可使用 MySQL（查询少量的最近结果数据）或 HBase（查询大量的历史结果数据）。Speed Layer 增量数据的处理可选用 Storm 或 Spark Streaming；Realtime View 增量结果数据集为了满足实时更新的需要，可选用 Redis 等内存 NoSQL。

Lambda 架构是个通用框架，各个层选型时不要局限于上面给出的组件，特别是对于 View 的选型。依据 Lambda 架构的实践，因为 View 是和业务关联性非常大的，View 选择组件时关键是要根据业务的需求，来选择最适合查询的组件。不同的 View 组件的选择要深入挖掘数据和计算自身的特点，从而选择最适合数据和计算自身特点的组件，同时不同的 View 可以选择不同的组件。

由 Lambda 可以看出很多现有设计思想和架构的影子，如 Event Sourcing 和 CQRS，这里把它们和 Lambda 架构做对比，从而更深入地理解 Lambda 架构。

事件溯源（Event Sourcing）是由 Martin Flower 提出的架构模式。Event Sourcing 本质上是一种数据持久化的方式，它将引发变化的事件（Event）本身存储下来。相比于传统数据持久化方式，存储的是事件引发的结果，而非事件本身，这样在保存结果的同时，实际上失去了追溯导致结果原因的机会。

可以看出，Lambda 架构中数据集的存储和 Event Sourcing 的思想是完全一致的，本质都是采用不可变的数据模型存储引发变化的事件而非变化产生的结果。从而在发生错误的时候，能够追本溯源，找到发生错误的根源，通过重新计算丢弃错误的信息来恢复系统，达到系统的容错性。

CQRS（Command Query Responsibility Segregation）将对数据的修改操作和查询操作进行分离，其本质和 Lambda 架构一样，也是一种形式的读写分离。在 Lambda 架构中，数据以不可变的方式存储下来（写操作），转换成查询所对应的 Views，查询从 View 中直接得到结果数据（读操作）。

读写分离将读和写两个视角进行分离，带来的好处是复杂性的隔离，从而简化系统的设计。相比于传统做法中的将读和写操作放在一起的处理方式，对于读写操作业务非常复杂的系统，只会使系统变得异常复杂，难以维护。

6.3.3 智能推荐系统典型应用案例

1. 基于邻域的算法模型

基于邻域的算法是智能推荐系统中最基本的算法，该算法不仅在学术界得到了深入研究，而且在企业界也得到了广泛应用。基于邻域的算法分为两大类，一类是基于用户的协同过滤算法，另一类是基于物品的协同过滤算法。

1）基于用户的协同过滤算法

基于用户的协同过滤算法是智能推荐系统中最早的算法。这个算法的出现标志了智能推荐系统的诞生。该算法在 1992 年被提出，并应用于邮件过滤系统，1994年被 GroupLens 用于新闻过滤。在此之后直到 2000 年，该算法都是智能推荐系统领域最著名的算法。

该算法的核心思想是"物以类聚、人以群分"。以新学期购买教科书为例，如果每个专业的新同学询问自己专业的师兄师姐通常能得到较好的推荐意见，如果计算机专业的学生找物理专业的师兄师姐询问编程的专业书籍，就有可能得到错误的推荐结果。

所以说，当一个用户 A 需要个性化推荐时，可以先找到和他兴趣相似的用户群体 G，然后把 G 喜欢的并且 A 没有听说过的物品推荐给 A，这就是基于用户的系统过滤算法。

根据上述原理，我们可以将基于用户的协同过滤推荐算法拆分为两个步骤：

（1）找到与目标用户兴趣相似的用户集合。

（2）找到集合中用户喜欢的并且目标用户没有听说过的物品推荐给目标用户。

通常用 Jaccard 公式或者余弦相似度公式计算两个用户之间的相似度。设 $N(u)$ 为用户 u 喜欢的物品集合，$N(v)$ 为用户 v 喜欢的物品集合，则有

Jaccard 公式：

$$w_{uv} = \frac{|N(u) \cap N(v)|}{|N(u) \cup N(v)|} \tag{6-1}$$

余弦相似度公式：

$$w_{uv} = \frac{|N(u) \cap N(v)|}{\sqrt{|N(u)| \times |N(v)|}} \tag{6-2}$$

假设目前共有 4 个用户 A、B、C、D，共有 5 个物品 a、b、c、d、e，用户与物品的关系（用户喜欢物品）如图 6-4 所示。

如何快速计算所有用户之间的相似度呢？为计算方便，通常需要先建立物品-用户倒排表，如图 6-5 所示。

然后对于每个物品、喜欢它的用户，两两之间相同物品加 1。例如，喜欢物品 a 的用户有 A 和 B，那么在矩阵中他们两两加 1，如图 6-6 所示。

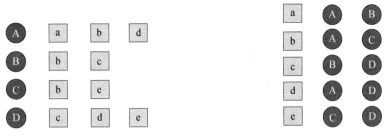

图 6-4　用户与物品的关系　　　　图 6-5　物品–用户倒排表

计算用户两两之间的相似度，上面的矩阵仅仅代表公式的分子部分。以余弦相似度为例，对图6-6所示矩阵进行进一步计算，得到图6-7所示用户余弦相似度矩阵。

	A	B	C	D
A	0	1	1	1
B	1	0	0	1
C	1	0	0	1
D	1	1	1	0

图 6-6　用户关联矩阵

	A	B	C	D
A	0	$\frac{1}{\sqrt{3\times2}}$	$\frac{1}{\sqrt{3\times2}}$	$\frac{1}{\sqrt{3\times2}}$
B	$\frac{1}{\sqrt{3\times2}}$	0	0	$\frac{1}{\sqrt{3\times2}}$
C	$\frac{1}{\sqrt{3\times2}}$	0	0	$\frac{1}{\sqrt{3\times2}}$
D	$\frac{1}{\sqrt{3\times2}}$	$\frac{1}{\sqrt{3\times2}}$	$\frac{1}{\sqrt{3\times2}}$	0

图 6-7　用户余弦相似度矩阵

至此，计算用户相似度完成，可以很直观地找到与目标用户兴趣较相似的用户，下面开始推荐物品。

首先需要从矩阵中找出与目标用户 u 最相似的 K 个用户，用集合 $S(u,K)$ 表示，将 S 中用户喜欢的物品全部提取出来，并去除用户 u 已经喜欢的物品。对于每个候选物品 i，用户 u 对它感兴趣的程度用如下公式计算：

$$p(u,i)=\sum_{v\in S(u,K)\cap N(i)}w_{uv}r_{vi} \tag{6-3}$$

其中，r_{vi} 表示用户 v 对 i 的喜欢程度，在本例中都是为1，在一些需要用户给予评分的推荐系统中，则要代入用户评分。

举个例子，假设我们要给A推荐物品，选取 $K=3$ 个相似用户，相似用户则是B、C、D，那么他们喜欢过并且A没有喜欢过的物品有 c、e，那么分别计算 $p(A,c)$ 和 $p(A,e)$：

$$p(A,c)=w_{AB}+w_{AD}=\frac{1}{\sqrt{6}}+\frac{1}{\sqrt{9}}=0.7416 \tag{6-4}$$

$$p(A,e) = w_{AC} + w_{AD} = \frac{1}{\sqrt{6}} + \frac{1}{\sqrt{9}} = 0.7416 \tag{6-5}$$

计算结果，用户 A 对 c 和 e 的喜欢程度相同，在真实的推荐系统中，只要按得分排序，取前几个物品就可以了。

2）基于物品的协同过滤算法

基于用户的协同过滤算法在一些网站（如 Digg）中得到了应用，但该算法有一些缺点。首先，随着网站的用户数目越来越大，计算用户兴趣相似度矩阵将越来越困难，其运算时间复杂度和空间复杂度的增加和用户数的增加近似于平方关系。其次，基于用户的协同过滤很难对推荐结果做出解释。因此，著名的电子商务公司亚马孙提出了另一个算法——基于物品的协同过滤算法（Item Collaboration Filter，ItemCF）。

基于物品的协同过滤算法的核心思想是给用户推荐那些和他们之前喜欢的物品相似的物品。比如，用户 A 之前买过图书《数据挖掘导论》，该算法会根据此行为给你推荐《机器学习》。但是 ItemCF 算法并不利用物品的内容属性计算物品之间的相似度，它主要通过分析用户的行为记录计算物品之间的相似度。该算法认为，物品 A 和物品 B 具有很大的相似度是因为喜欢物品 A 的用户大都也喜欢物品 B。

基于物品的协同过滤算法主要分为两步：

（1）计算物品之间的相似度；

（2）根据物品的相似度和用户的历史行为为用户生成推荐列表。

下面分析上述两步是如何实现的。

计算物品之间的相似度

ItemCF 的物品相似度计算公式如下：

$$W_{ij} = \frac{|N(i) \cap N(j)|}{\sqrt{|N(i)||N(j)|}} \tag{6-6}$$

式中，$|N(i)|$ 表示喜欢物品 i 的用户数，$|N(j)|$ 表示喜欢物品 j 的用户数，$|N(i) \cap N(j)|$ 表示同时喜欢物品 i 和物品 j 的用户数。

从上面的公式可以看出，物品 i 和物品 j 相似是因为它们共同得到很多用户的喜欢，相似度越高表示同时喜欢他们的用户数越多。

下面举例讲解相似度的计算过程。

假设用户 A 对物品 a、b、d 有过评价，用户 B 对物品 b、c、e 有过评价，如图 6-8 所示。

根据用户的行为构建用户–物品倒排表，如图 6-9 所示。

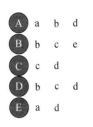

图 6-8　用户评价物品表

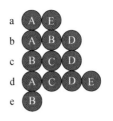

图 6-9　用户–物品倒排表

根据上面的倒排表可以构建一个相似度矩阵。

图 6-10 最左边的是用户输入的用户行为记录，每行代表用户感兴趣的物品集合，然后对每个物品集合，将里面的物品两两加一，得到一个矩阵。最终将这些矩阵进行相加得到 C 矩阵。其中 C_i 记录了同时喜欢物品 i 和 j 的用户数。这样就可得到物品之间的相似度矩阵 W。

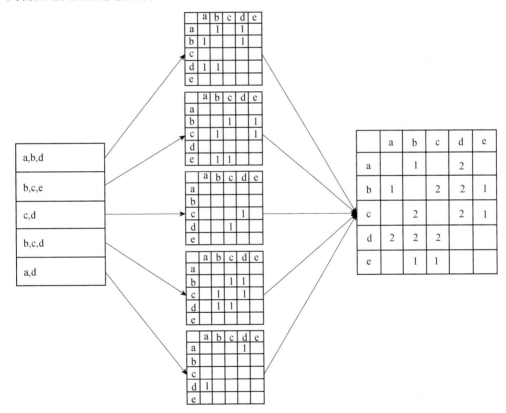

图 6-10　计算物品相似度

根据物品的相似度和用户的历史行为记录为用户生成推荐列表。ItemCF 通过下面的公式计算用户 u 对一个物品 j 的兴趣程度：

$$p(u,j) = \sum_{i \in N(u) \cap S(j,k)} W_{ji} r_{ui}$$　　　　（6-7）

这里的 $N(u)$ 表示用户喜欢的物品的集合，$S(j,k)$ 是和物品 j 最相似的 k 个物品的集合，W_{ji} 是物品 j 和 i 的相似度，r_{ui} 表示用户 u 对物品 i 的喜欢程度。该公式的含义是，和用户历史上最感兴趣的物品越相似的物品，越有可能在用户的推荐列表中获得比较靠前的排名。

2. 基于图的模型

用户行为很容易用二分图表示，因此很多图的算法都可以应用到智能推荐系统中。基于图的模型（Graph-based Model）是智能推荐系统中的重要内容。其实，很多研究人员把基于邻域的模型也称为基于图的模型，因为可以把基于邻域的模型看作基于图的模型的简单形式。

在研究基于图的模型之前，首先需要将用户行为数据表示成图的形式。本章讨论的用户行为数据是由一系列二元组组成的，其中每个二元组 (u,i) 表示用户 u 对物品 i 产生过的行为。这种数据集很容易用一个二分图表示。

令 $G(V,E)$ 表示用户–物品二分图，其中 $V=VU\cup VI$ 由用户顶点集合 VU 和物品顶点集合 VI 组成。对于数据集中每个二元组 (u,i)，图中都有一套对应的边 $e(vu,vi)$，其中 $vu\in VU$ 是用户 u 对应的顶点，$vi\in VI$ 是物品 i 对应的顶点。图 6-11 是一个简单的用户–物品二分图模型，其中圆形节点代表用户，方形节点代表物品，圆形节点和方形节点之间的边代表用户对物品的行为。例如，图中用户节点 A 和物品节点 a、b、d 相连，说明用户 A 对物品 a、b、d 产生过行为。

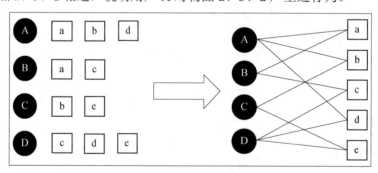

图 6-11 用户–物品二分图模型

将用户的行为数据表示为二分图后，接下来就应基于二分图为用户进行推荐，那么给用户 u 推荐物品就可以转化为度量用户顶点 Vu 和 Vu 没有直接边相连的顶点在图上的相关性，相关性越高的物品在推荐列表上的权重就越高，推荐位置就越靠前。

那么如何评价两个顶点的相关性？一般取决于以下三个因素

①两个顶点之间的路径数；

②两个顶点之间路径的长度；

③两个顶点之间的路径经过的顶点。

而相关性较高的一对顶点一般具有如下特征：

①两个顶点之间有很多路径相连；

②连接两个顶点之间的路径长度都比较短；

③连接两个顶点之间的路径不会经过出度比较大的顶点。

举一个简单的例子，如图6-12所示，用户 A 和物品 c、e 没有边相连，但是用户 A 和物品 c 有 1 条长度为 3 的路径相连，用户 A 和物品 e 有 2 条长度为 3 的路径相连。那么，顶点 A 与 e 之间的相关性要高于顶点 A 与 c，因而物品 e 在用户 A 的推荐列表中应该排在物品 c 之前，因为顶点 A 与 e 之间有两条路径——（A, b, C, e）和（A, d, D, e）。其中，（A, b, C, e）路径经过的顶点的出度为（3, 2, 2, 2），而（A, d, D, e）路径经过的顶点的出

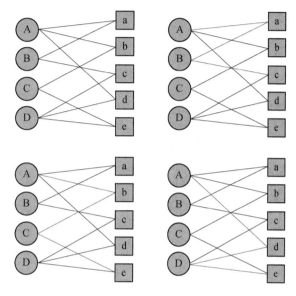

图 6-12　基于图的推荐算法示例

度为（3, 2, 3, 2）。因此，（A, d, D, e）经过了一个出度比较大的顶点 D，所以（A, d, D, e）对顶点 A 与 e 之间相关性的贡献要小于（A, b, C, e）。

第7章 人工智能技术应用——机器视觉和机器学习

🌳 **本章内容和学习目标**

本章主要内容包括机器视觉在智能检测和定位中的应用、机器视觉在同步定位与建图中的应用、机器学习在数字三维建模中的应用、机器学习在医学影像中的应用、机器学习在面部表情识别中的应用。通过相关应用案例介绍机器视觉、机器学习、深度学习等关键技术。

通过本章学习，学习者应能够理解机器视觉的基本概念、主要任务及其典型应用；理解视觉 SLAM 同步定位与建图、数字三维建模、医学影像中影像处理技术和面部识别技术的基本原理；能够应用成熟的机器视觉技术解答和处理相关问题。

7.1 机器视觉在智能检测和定位中的应用

测量是以目标的长、宽、高、直径、面积、体积、曲率等几何参数作为描述对象。测量的主要方法是，先用几何元素去拟合图像中的待测区域，计算出以像素为单位的几何数值，再利用图像空间与世界空间的转换关系，得到真实值。例如，测量一支火花塞一端的长度，先用线段去拟合，然后计算这条线段上有多少个像素值，根据图像空间与世界空间的转换关系，得知一个像素对应多少米，则可以计算出火花塞一端的真实长度，如图 7-1 所示。再例如，对圆形零件外圈圆弧和内部端盖的半径进行测量，分别用弧线和圆拟合外圈和端盖，利用拟合出的弧线和圆就可以测出外圆的长度和半径、端盖的半径，但是单位是像素，然后根据图像空间与世界空间的转换关系，就可以换算成真实尺寸。

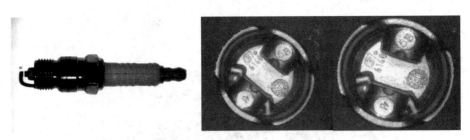

图 7-1　火花塞一端尺寸测量

检测是以目标的有无、残缺、数量、瑕疵等性状作为描述对象的。检测的主要方法是，提取目标的几何特征，然后以给定的标准作为参照，进行对比得知结果。例如，邮包的有无检测，有实物的包裹和无实物的包裹，其指定区域的像素分布是不一样的，可以根据无实物的包裹的区域作为参照，若拍摄的图像和参照相似，则判定为无实物的包裹，差别很大就判定为有实物的包裹。对于残次品检测，可以选取一个完整的产品作为参照，若拍摄的图像和参照相似，则判定为完整，否则为残次品。对于数量检测，可以选取每个待测目标的特征，然后在拍摄的图像中寻找有多少个类似的特征，进而就可以知道目标的数量。对于瑕疵检测，可以选取一个没有瑕疵的图像进行参照，当拍摄的图像有瑕疵时，有瑕疵的区域多会有灰度变化，根据这个变化就可以判断目标的瑕疵。有无、残次、数量、瑕疵检测示例如图 7-2 所示。

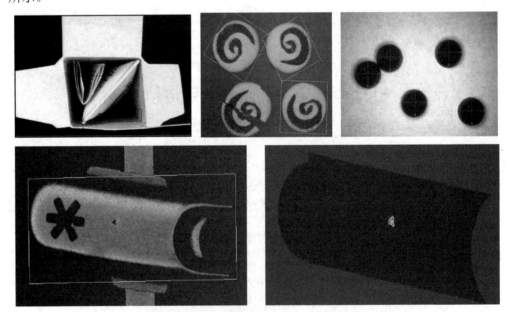

图 7-2　有无、残次、数量、瑕疵检测示例

定位是以目标的位置作为描述对象的，方法是提取目标的主要特征，在拍摄的图像中寻找特征，并记录特征在图像中的位置，根据图像空间与世界空间的转换关系，就可以计算出目标在世界坐标系中的真实位置。例如，机械臂抓取水杯，先在拍摄的图像中识别出水杯的特征，记录其在图像中的位置，根据手眼标定算法，计算出水杯在机械臂坐标系中的位置，将位置发送给机械臂，机械臂完成了抓取任务，如图 7-3 所示。

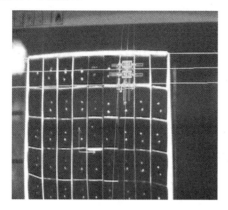

图 7-3　水杯定位

7.1.1　机器视觉的概念

机器视觉，顾名思义，就是机器（Machine）和视觉（Vision）的组成。如图 7-4 所示，机器主要包括机械、运动和控制三大部分，是由零部件组装成的装置，可以运转，用来代替人的劳动、进行能量变换或产生有用功。自第一次工业革命以来，机器逐渐取代人和牲畜，成为生产运输的主要劳动力。随着控制技术、计算机技术及传感器技术的发展，人们想让机器更加的智能。例如，让机器拥有人类一样的视觉功能，代替人眼进行分析和判断，于是机器视觉就成为一个很热门领域。所谓视觉，"视"意味着看见，"觉"意味着知道看到的是什么。人眼看见物体需要依赖眼睛和外界光源，实际运用中可以使用相机、镜头和光源实现"视"的功能。而让机器知道看的是什么则需要对图像进行处理、分析图像的特征、对特征进行综合分类等一系列工作，通常由软件予以实现。

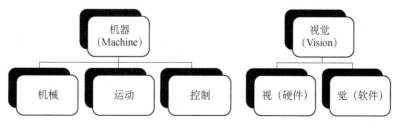

图 7-4　机器视觉的组成

7.1.2 机器视觉的特点

机器视觉虽然受到人眼的启发，但在硬件上的优势可以使机器视觉的速度、分辨力及适应性远超于人眼。例如，人眼看不清子弹飞过，但是在高速相机的"眼里"，就像是在放慢镜头；人眼在黑夜里看不清物体，在夜视仪"眼里"，世界如同白昼；人眼看不清细菌和火星，在显微镜和天文望远镜"眼里"，细菌上的纤毛和火星上的环形山脉都可以一清二楚；人眼连续工作几个小时，就会出现不良症状，影响正常视觉功能，而普通工业相机连续工作一星期都没有问题。目前，人眼的主要优势在"觉"的方面，人眼有强大的大脑作后盾，具有高级的逻辑分析能力，识别变化的目标；而机器视觉识别目标的稳定性较差，容易收到干扰，所以工业的机器视觉对环境光要求很高，通常会使用辅助光源来减少外界光的干扰。

人的视觉与机器视觉对比见表 7-1。

表 7-1　人的视觉与机器视觉对比

	人的视觉	机器视觉
适应性	强，可在复杂多变的环境中识别目标	差，容易受复杂背景及环境变化的影响
智能性	高级，可逻辑分析和识别变化的目标	基于人工智能识别目标，稳定性较差
速度	0.1 s 的视觉暂留，无法看清目标	快门可达到 10 ms 左右，速度越来越快
环境要求	对环境温度、湿度的适应性差	对环境适应性强，另外可加防护装置
观测精度	精度低，无法量化	精度高，可到微米级，易量化
感光范围	400~750nm 范围的可见光	可见光光谱范围及 X 光等特殊摄像机
灰度分辨力	灰度分辨力差，一般只有 64 个灰度级	强，最高可 16bit 等灰度级
空间分辨力	分辨率较差，不能观看微小的目标	可以观测小到微米大到天体的目标
其他	主观性，受心理影响，易疲劳	客观性，可连续工作

7.1.3 机器视觉的任务

虽然机器视觉目前还没有人眼那么智能，但依然取得了很多成果，大部分来自工业应用，其主要原因是：

①自动化和计算机技术水平的日益提升是机器视觉进入工业生产线的基础；

②随着生产力水平的提高，劳动分工越来越细化，视觉的需求相对比较简单；

③工业生产中一般要求高精高速、能够长时间工作，且工作环境通常比较恶劣，这正是机器视觉的优势。

那么，机器视觉在工业生产中的任务是什么呢？我们设想一个场景，一个简单的例子就是视觉引导机械臂抓取传送带上的零件。零件在传送带上的位置及朝向是任意的，并且几种不同类型的零件将同时在传送带上进行传输，而这些不同的零件将被装配在不同的设备上。当零件经过安装在传送带上方的摄像机时，物体的图像将被输入视觉系统。然后机器视觉主要做了两件事——分析图像和生成对被成像物体（或场景）的描述。在这个例子中，视觉系统所要给出的描述很简单，即零件的位置、朝向及种类。最后机械臂根据这些描述就可以将不同的零件抓取并装备在不同的设备上。所以，机器视觉系统输入的是图像或者图像序列，而它的输出是一个描述。这个描述需要满足下面两个准则：

①这个描述必须和被成像物体（或场景）有关；

②这个描述必须包含完成指定任务所需要的全部信息。

第一个准则保证了这个描述在某种意义上依赖于视觉输入，第二个准则保证了视觉系统的输入信息是有用的。总之，视觉系统的目的是，生成一个关于被成像物体（或场景）的符号描述。这个描述将被用于指导机器人系统与周围环境进行交互。从某种意义上讲，视觉系统所要实现的任务是成像的逆过程。机器视觉系统的描述如图 7-5 所示。

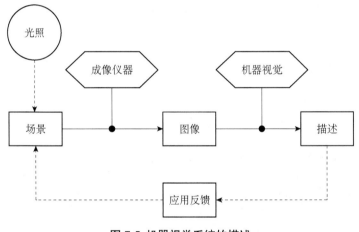

图 7-5 机器视觉系统的描述

7.1.4 机器视觉和其他领域的关系

图像处理、模式分类、场景分析三个领域是与机器视觉紧密联系在一起的。

图像处理的主要任务是从已有图像产生出一张新的图像。图像处理所使用的技术，大部分来自线性系统理论。图像处理所产生的新图像，可能经过了噪声抑制、去模糊、边缘增强等操作。但是，图像处理的输出结果仍然是一张图像。因此，其输出结果仍然需要人来对其进行解释。

模式分类的主要任务是对"模式"进行分类。这些"模式"通常是一组用来表示物体属性的给定数据（或者关于这些属性的测量结果）。例如，物体的高度、重量等。尽管分类器的输入并不是图像，但是模式分类技术仍可以被有效地用于对视觉系统所产生的结果进行分析。识别一个物体，就是将其归为一些已知类中的某一类。但是，需要注意的是，对物体的识别只是机器视觉系统的众多任务中的一个。在对模式分类的研究过程中，我们得到了一些对图像进行测量的简单模型。但是，这些技术通常将图像看作是一个关于亮度的二维模式。因此，对于以任意姿态出现的三维空间中的物体，通常无法直接使用这些模型进行处理。

场景分析关注将从图像中获取的简单描述转化为一个更加复杂的描述。对于某些特定的任务，这些复杂描述会更加有用。场景分析的经典例子是对线条图进行解释。如图 7-6 所示，需要对一张由几个多面体构成的图进行解释。该图是以线段集的形式给出的，解释之前应需要确定这些由线段所勾勒出的图像区域，即是如何组合在一起的。此外，还想知道物体之间是如何相互支撑的。这样，从简单的符号描述中可以获得复杂的符号描述（包括图像区域之间的关系及物体之间的相互支撑关系）。注意：在这里，分析和处理并不是从图像开始的，而是从对图像的简单描述（线段集）开始的。因此，这并不是机器视觉的核心问题。

在这里再一次强调，机器视觉的核心问题是从一张或多张图像中生成一个符号描述。

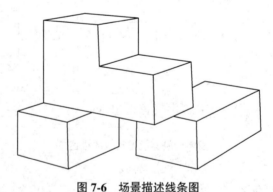

图 7-6　场景描述线条图

7.1.5　机器视觉系统的工作原理

如图 7-7 所示，一般情况下，机器视觉系统的工作流程是，在光源照射下，目标将自身的反射光信号输入机器视觉设备；然后机器视觉设备将光信号转换为图像信号，并输入图像处理系统，图像处理系统根据像素分布和亮度、颜色等信息，进行各种运算来抽取目标的特征，分析出结果，转换为自动化机械设备需要的数字化信号；最后机械设备接收数字化信号，对目标进行实际操作。完成整个工作流程，需要很多不同的硬件作为基础，以及驱动调度软件协调配合，涉及计算机视觉、机械设计、照明工程、光学设计、自动控制、图像处理、嵌入式系统等多个学科。

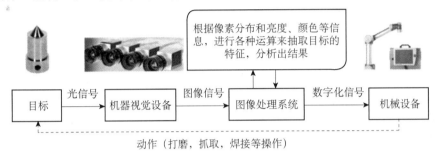

图 7-7　机器视觉系统的工作原理

如图 7-8 所示，机器视觉的硬件系统包括光学系统和处理系统两大部分。其中光学系统由工业相机、镜头和光源构成，主要任务是获取高质量的图像。处理系统主要由图像采集卡和计算机构成，图像采集卡安装在计算机的 PCI 插槽里，通过 PCI 地址总线与计算机进行信息交互，通过网线与相机进行信息交互，光源的控制通常是通过光源控制器连接到计算机的串口，进行数据的交互和光源强度的控制。处理系统的主要任务是根据图像计算出所需要的描述，同时也兼顾对光学系统的控制功能。根据任务的需求，硬件的配置也会做出相应的调整。随着工业技术的不断进步，处理系统越来越精简。例如，以驱动软件的形式将图像采集卡的功能置于计算机上，相机直接通过网线或者 USB 与计算机相连，省去了图像采集卡的安装；或者将图像处理的功能和相机功能集成于一个嵌入式系统，也就是智能相机。

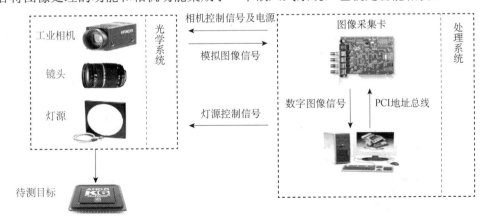

图 7-8　机器视觉的硬件系统结构图

如图 7-9 所示，机器视觉的软件系统主要包括可视化界面、图像处理、文件管理三大模块，由于工业需求多样化、标准不一致、定制化程度比较高，故软件系统多是由专业人员针对任务的需求进行开发。为了提高开发的效率，目前已有很多图像算法接口可以调用，其中，开源免费的接口有 Opencv，成熟的商用接口有 Halcon、VisionPro、LabviewVision 等。

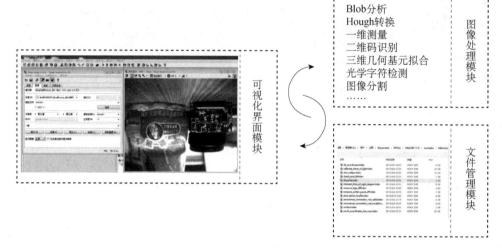

图 7-9　机器视觉的软件系统结构图

7.2　机器视觉在同步定位与建图中的应用

随着计算机视觉技术的迅速发展，视觉 SLAM（Simultaneous Localization and Mapping，同步定位与建图）因为信息量大、适用范围广等优点受到广泛关注。SLAM 是指机器人依靠自身传感器在未知环境中获得感知信息，递增地创建周围环境的地图，同时利用创建的地图实现自主定位。在 SLAM 基础理论的基础上，外加传感器、建图、回环检测等技术，就构成了一个完整的 SLAM 体系，主要应用于机器人、无人机、无人驾驶、AR、VR 等领域。

案例：基于 SLAM 的扫地机器人，如图 7-10 所示。

图 7-10　基于 SLAM 的扫地机器人

SLAM 是扫地机器人的奥秘所在。如果把扫地机器人放在一间有杂物的屋间里，它需要思考三个问题：我在哪儿？这是哪儿？我要怎么离开、怎么回来？而 SLAM 理论则帮助扫地机器人解答了这三个问题，即定位、建图和路径规划。

7.2.1 深度视觉定位传感器

Kinect 是一款深度视觉传感器相机，测量范围为 3m～12m，精度约 3cm，较适合于室内机器人，采集的图像如图 7-11 所示。

图 7-11 Kinect 室内机器人采集的图像

Kinect 的一大优势是能比较廉价地获得每个像素的深度值，不管是从时间上还是从经济上来说。有了像素信息，机器人就可以知道在采集到的图片中每个点的 3D 位置，只要事先标定了 Kinect，或者采用出厂的标定值。

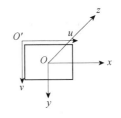

图 7-12 Kinect 坐标示意图

如图 7-12 所示，$O'\text{-}uv$ 是图片坐标系，$O\text{-}xyz$ 是 Kinect 坐标系。假设图片中的点为 (u, v)，对应的三维点的位置为 (x, y, z)，那么它们之间的转换关系如下：

$$s\begin{bmatrix} u \\ v \\ 1 \end{bmatrix} = \begin{bmatrix} f_x & 0 & c_x \\ 0 & f_y & c_y \\ 0 & 0 & 1 \end{bmatrix}\begin{bmatrix} x \\ y \\ z \end{bmatrix} \tag{7-1}$$

左侧 s 为尺度因子，表示从相机光心发出射线光都会落在成像平面的同一个点上。如果不知道该点的距离，那么 s 就是一个自由变量。但在 RGB-D 相机中，可在 Depth 图中确认这个距离，它的读数 dep(u, v) 与真实距离相差一个倍数。

$$\begin{cases} x = \dfrac{(u - c_x)z}{f_x} \\ y = \dfrac{(v - c_y)z}{f_y} \\ z = \text{dep}(u, v) / s \end{cases} \tag{7-2}$$

式（7-2）给出了计算三维点的方法。先从深度图中读取深度数据（Kinect 给出的是 16 位无符号整数），除以 z 方向的缩放因子，就将一个整数转变为以米为单位的数据。然后，x，y 用上面的公式计算出。式（7-2）中，f_x、f_y 表示焦距，c_x、c_y 表示中心距。如果没有标定的 Kinect，也可以采用默认的值，$s=5000$，$c_x = 320$，$c_y=240$，$f_x=f_y=525$。实际值会有一点偏差，但不会太大。

7.2.2 定位问题

知道了 Kinect 中每个点的位置后，接下来就可根据两幅图像间的差别计算机器人的位移。例如，如图 7-13 所示两张图，后一张是在前一张之后 1s 采集到的。

图 7-13 两幅图像间的差别

由图 7-13 可以看出，相对后一幅图像，前一幅图像往右转过了一定的角度。但究竟转过多少，这就要靠计算机来求解了。这个问题称为相机相对姿态估计，经典的算法是 ICP（Iterative Closest Point，迭代最近点）。ICP 算法要求知道两幅图像间的一组匹配点，就是左边图像哪些点和右边是一样的。在机器人看来，这里牵涉两个简单的问题，即特征点的提取和匹配。

要解决定位问题，首先要获得两张图像的一个匹配。匹配的基础是图像的特征，图 7-14 和图 7-15 就是 SIFT 提取的关键点、SIFT 提取的关键点与匹配结果。

图 7-14 SIFT 提取的关键点

图 7-15　SIFT 提取的关键点与匹配结果

由上面的例子可以看出，虽然找到了一些匹配，但其中有些是对的（基本平等的匹配线），有些是错的。这是由于图像中存在周期性出现的纹理（黑白块），所以容易搞错。但这并不是问题，在接下来的处理中会将这些影响消去。得到了一组匹配点后，就可以计算两个图像间的转换关系，也叫作 PnP 问题。 PnP 问题的模型如下：

$$\begin{bmatrix} u \\ v \end{bmatrix} = C(Rp + t) \tag{7-3}$$

式中，R 为相机的姿态，C 为相机的标定矩阵。R 是不断变化的，C 则是随着相机而固定的。原则上，只要有四组匹配点就可以计算出矩阵，可以调用 openCV SolvePnPRANSAC 函数或者 PCL 的 ICP 算法来求解。openCV 提供的算法是 RANSAC（Random Sample Consensus，随机采样一致性）架构，可以剔除错误匹配。所以，代码实际运行时，可以很好地找到匹配点。图 7-16 所示是 RANsAC 算法匹配示例。

图 7-16　RANSAC 算法匹配示例

图 7-16 所示两张图转过了 16.63°，位移几乎为零。这里或许会有疑问，即

只要不断匹配下去，定位问题不就解决了吗？表面上看来，的确是这样的，只要引入一个关键帧的结构（发现位移超过一个固定值时，定义成一个关键帧），然后把新的图像与关键帧（1～200帧的匹配结果见图 7-17）比较就行了。至于建图，把这些关键帧的点云拼起来就可以了。然而，如果事情真这么简单，SLAM理论就不用那么多人研究三十多年了。那么，问题出现在什么地方呢？相关内容见下文。

图 7-17　1～200 帧的匹配结果

7.2.3　SLAM 端优化理论

上文所介绍的渐近式匹配方式，和那些惯性测量设备一样，存在着累积噪声。在不断地更新关键帧，将新图像与最近的关键帧比较，从而获得机器人的位移信息。但是，如果有一个关键帧出现了偏移，那么剩下的位移估计都会多出一个误差。这个误差还会累积，因为后面的估计都基于前面的机器人位置，误差累积的后果是非常严重的。

消除累积误差正是 SLAM 的研究重点，前文介绍的内容只是"图像前端"的处理方法。消除累积误差的思路是：如果和最近的关键帧相比会导致累计误差，那么，调整为和更前面的关键帧相比，而且多比较几个帧，同时比较多次。

用数学来描述这个问题，设

Location: $x_p^i, i = 1, \cdots, n$

Landmarks: $x_L^i, i = 1, \cdots, m$

Motion: $x_p^{i+1} = f(x_p^i, u_i) + w_i$

Observations: $z_{i,j} = h(x_p^i, x_L^j) + v_{i,j}$

式中，x_p 表示机器人的位置，假定由 n 个帧组成。x_L 表示路标，在图像处理过程中是指 SIFT 提取的关键点。如果进行二维 SLAM，那么机器人的位置就是 x、y 加一个转角 theta；如果进行三维 SLAM，就是 x、y、z 加一个四元数姿态（或者 rpy 姿态），这个过程叫作参数化（Parameterization）。不管采用哪种参数形式，后面两个方程都需要了解，其中前一个方程叫运动方程，描述机器人怎样运动。u 表示机器人的输入，w 表示噪声。可以完全不用惯性测量设备，这样我们就只依靠图像设备来估计，这也是可以的。后一个方程叫作观测方程，描述路标是怎么得到的。在第 i 帧看到了第 j 个路标，产生了一个测量值，就是图像中的横纵坐标。在求解 SLAM 问题前，应分析现有的数据。由上面的模型可以知道运动信息 u 及观测 z，用示意图表示如图 7-18 所示。

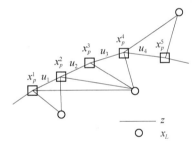

图 7-18 SLAM 优化问题

针对上述问题要求解的就是根据 u 和 z，确定所有的 x_p 和 x_L，这就是 SLAM 问题理论。从 SLAM 诞生科学家们就一直在解决这个问题。最初，用卡尔曼（Kalman）滤波器，直到 21 世纪初，卡尔曼滤波器仍在 SLAM 系统占据最主要的地位。后来，出现了基于图优化的 SLAM 方法，渐渐地取代了卡尔曼滤波器。由于采用滤波器时存储 n 个路标要消耗 n^2 的空间，其计算量非常大。下面介绍图优化法。

图优化方法把 SLAM 问题看成一个优化问题。在求解机器人的位置和路标时，可以先做一个猜测，猜想机器人大概在什么位置；然后将猜测值与运动模型/观测模型给出的值相比较，可以计算出误差，如图 7-19 所示。

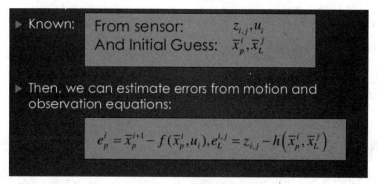

图 7-19　计算误差

例如，猜机器人第一帧在（0，0，0），第二帧在（0，0，1）。但是，由 u_1 可知机器人往 z 方向（前方）行进了 0.9m，那么运动方程就出现了 0.1m 的误差。同时，第一帧中机器人发现了路标 1，它在该机器人图像的正中间；第二帧却发现它在中间偏右的位置。这时可知机器人只是往前行进，也是存在误差的。至于这个误差是多少，可以根据观测方程计算出来。

得到了一堆误差，把这些误差平方后加起来，就得到了误差平方和。我们把误差平方和记作 phi，就是优化问题的目标函数。而优化变量就是 x_p 和 x_L。

改变优化变量，误差平方和（目标函数）就会相应地变大或变小，可以用数值方法求出它们的梯度和二阶梯度矩阵，然后用梯度下降法求最优值。

注意，在一次机器人 SLAM 过程中，往往会有成千上万个帧，而每个帧又都有几百个关键点，其结果是产生几百万个优化变量。这个规模的优化问题对于机器人自带处理系统是很难得到解的。进入 21 世纪，特别是 2006 年以后，研究人员发现，这个问题的解答似乎并没有想象的那么困难。上面的 J 和 H 两个矩阵是"稀疏矩阵"，于是可以用稀疏代数的方法来解这个问题。"稀疏"的原因，在于每个路标往往不可能出现在所有运动过程中，通常只出现在一小部分图像里。正是这个稀疏性，使得优化思路成为现实。

优化方法利用了所有可以用到的信息（称为 full-SLAM，global SLAM），其精确度要比帧间匹配高很多，当然计算量也要多一些。

由于优化的稀疏性，人们喜欢用"图"来表达这个问题。图是由节点和边组成的。例如 $G=\{V, E\}$，V 表示优化变量节点，E 表示运动/观测方程的约束。

图 7-20 中，p 是机器人位置，l 是路标，z 是观测，t 是位移。其中，p 和 l 是优化变量，而 z 和 t 是优化的约束。看起来是不是像一些弹簧连接了一些质点呢？是的，因为每个路标不可能出现在每一帧中，所以这个图是稀疏的。不过，"图"优化只是优化问题的一个表达形式，并不影响优化的含义。实际解起来时还是要用数值法找梯度的。

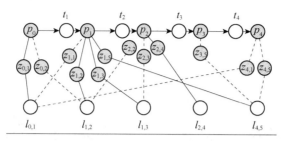

图 7-20　SLAM 示意图

7.2.4　闭环检测

上文提到，仅用帧间匹配最大的问题是误差累积，图优化的方法可以有效地减少累计误差。然而，如果把所有测量都丢进 g2o，计算量还是很大的。根据测试，约 10000 条边，g2o 运行起来就有些吃力了。能把这个图构造地简洁一些吗？用不着所有的信息，只需要把有用的挑选出来就可以了。

事实上，机器人在探索房间时，经常会左转一下，右转一下。如果在某个时刻机器人回到了以前去过的地方，我们就直接与那时候采集的关键帧做比较，这是最好的方法。

对于一张新图像，如何判断它以前是否在图像序列中出现过？有两种思路：一是根据我们估计的机器人位置，看是否与以前某个位置邻近；二是根据图像的外观，看它是否和以前关键帧相似。目前，主流方法是后一种，因为很多科学家认为前一种依靠有噪声的位置来减少位置的噪声，有点循环论证的意思。后一种方法本质上是个模式识别问题（非监督聚类，分类），常用的是 Bag of Words（BOW）。但是 BOW 需要事先对字典进行训练，因此 SLAM 研究者仍在探讨有没有更合适的方法。高效的闭环检测是 SLAM 精确求解的基础。

7.3　机器学习在数字三维建模中的应用

7.3.1　基于计算机视觉三维重建应用案例

随着 2010 年《阿凡达》在全球热映以来，三维计算机视觉的应用从传统工业领域逐渐走向医疗、娱乐、打击犯罪等众多领域。在医疗领域实现器官组织的三维重建，交付 3D 打印，实现器官的组织修复。在工业应用领域，比如三维视觉技术在 AR/VR、自动驾驶等领域的应用。在刑事侦破方面，通过三维数字建模对案发现场进行复原，如图 7-21 所示。

可以通过数字化技术，对案发现场的信息进行数字化保护，即对室内现场进行高精度三维数字化处理。应用于刑侦领域，则能检测出犯罪分子在室内的行踪轨迹、尸体位置等，"诚实"还原案发现场环境。

图 7-21　通过三维数字建模对案发现场进行复原

7.3.2　基于计算机视觉三维重建过程分析

三维重建包含三个方面：基于 SFM（Structure From Motion）的运动恢复结构、基于深度学习（Deep Learning）的深度估计和结构重建、基于 RGB-D 深度摄像头的三维重建，如图 7-22 所示。

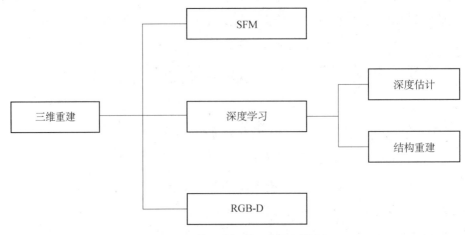

图 7-22　基于图像的三维重建算法

SFM 主要基于多视觉几何原理，从无时间序列的二维图像中推算三维信息，是计算机视觉学科的重要分支。近年来，深度学习在二维深度估计方面取得一定效果，使得探索三维重建成为可能。但仍要清醒认识，实际应用仍然以传统多视觉几何为主，深度学习的方法离实用还有一定的距离。基于图像的三维重建基本流程如图 7-23 所示。

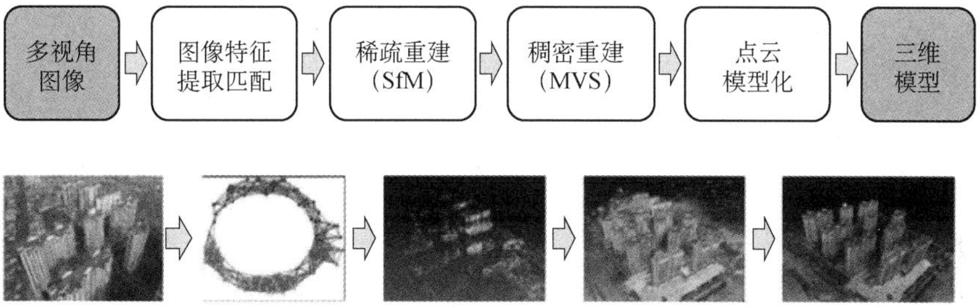

多视角图像 → 图像特征提取匹配 → 稀疏重建（SfM） → 稠密重建（MVS） → 点云模型化 → 三维模型

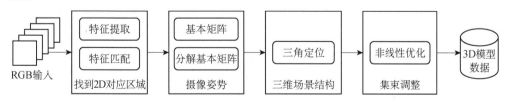

图 7-23　基于图像的三维重建基本流程

本章主要介绍基于单目 Monocular 的三维重建方法，分为基于 SFM 三维重建和基于 Deep learning 的三维重建，另外由于多视觉几何涉及矩阵、线性代数等数学知识，这里不做进一步论述，详细可参考多视觉几何的相关书籍。

7.3.3　SFM 与三维重建

SFM 技术可用估计相机参数及三维点位置，其基本流程可描述为：先对每张二维图片检测特征点；再对每对图片中的特征点进行匹配，只保留满足几何约束的匹配；最后执行一个迭代式的、鲁棒的 SFM 方法来恢复摄像机的内参和外参，由三角化得到三维点坐标，并使用束调整进行优化。SFM 典型框架图如图 7-24 所示。

RGB输入 → 特征提取 / 特征匹配（找到2D对应区域）→ 基本矩阵 / 分解基本矩阵（摄像姿势）→ 三角定位（三维场景结构）→ 非线性优化（集束调整）→ 3D模型数据

图 7-24　SFM 典型框架图

根据流程中图像添加顺序的拓扑结构不同，SFM 可以分为增量式、全局式、混合式和层次式，如图 7-25 所示。另外，有基于语义的 SFM 和基于深度学习的 SFM。

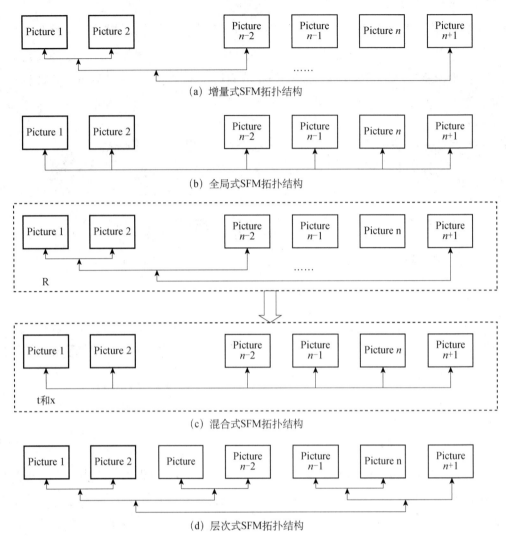

图 7-25　增量式、全局式、混合式和层次式 SFM 拓扑结构

1. 增量式 SFM

增量式 SFM 首先使用 SIFT 特征检测器提取特征点并计算特征点对应的描述，然后使用 ANN（Approximate Nearest Neighbor）方法进行匹配，低于某个匹配数阈值的匹配对将会被移除。对于保留下来的匹配对，使用 RANSAC（RANdom Sample Consensus）和八点法来估计基本矩阵（Fundamental Matrix），在估计基本矩阵时被判定为外点（Outlier）的匹配被看作是错误的匹配而被移除。对于满足以上几何约束的匹配对，将被合并为 Tracks。接着通过 Incremental 方式的 SFM 方法来恢复场景结构。一对好的初始匹配对应满足：

①足够多的匹配点。

②宽基线。

选择初始匹配对后增量式地增加摄像机，估计摄像机的内外参并由三角化得到三维点坐标，然后使用 Bundle Adjustment 进行优化。

增量式 SFM 是由无序图像集合计算三维重建的常用方法。增量式 SFM 可分为配准图 7-26 所示几个阶段，即特征提取、特征匹配、几何验证、重建初始化、图像注册、三角定位、Outlier 过滤、束调整等步骤。

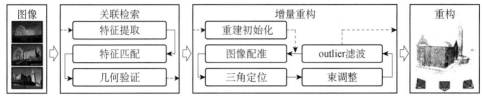

图 7-26　增量式 SFM 框架图

增量式 SFM 框架包含 COLMAP、OpenMVG、Theia 等部分，如图 7-27 所示为增量式 SFM 框架与增量式 SFM 算法的对比。

	特征提取	特征匹配	几何验证	图像配准	三角定位	束调整	抗差估计
COLMAP	SIFT[31]	Exaustive Sequential Vocabulary Tree[37] Spatial[14] Transitive[14]	4 Point for Homography[20] 5 Point Relative Pose[33] 7 Point for F-matrix[20] 8 Point for F-matrix[20]	P3P[32] EPnP[34]	sampling-based DLT[14]	Multicore BA[27] Ceres Solver[35]	RANSAC[19] PROSAC[36] LO-RANSAC[38]
OpenMVG	SIFT[31] AKAZE[39]	Brute force ANN[40] Cascade Hashing[41]	affine transformation 4 Point for Homography[20] 8 Point for F-matrix[20] 7 Point for F-matrix[20] 5 Point Relative Pose[33]	6 Point DLT[20] P3P[32] EPnP[34]	linear(DLT) [20]	Ceres Solver[35]	Max-Consensus RANSAC[19] LMed[42] AC-Ransac[43]
Theia	SIFT[31]	Brute force Cascade Hashing[41]	4 Point for Homography[20] 5 Point Relative Pose[33] 8 Point for F-matrix[20]	P3P[32] PNP(DLS) [44] P4P[46] P5P[49]	linear(DLT) [20] 2-view[45] Midpoint [47] N-view[20]	Ceres Solver[35]	RANSAC[19] PROSAC[36] Arrsac[48] Evsac[50] LMed[42]
VisualSFM	SIFT[31]	Exaustive Sequential Preemaptive[16]	n/a	n/a	n/a	Multicore BA[27]	RANSAC[19]
Bundler	SIFT[31]	ANN[51]	8 Point for F-matrix[20]	DLT based [20]	N-view[20]	SBA[52] Ceres Solver[35]	RANSAC[19]
MVE	SIFT[31]+ SURF[53]	Low-res+exaustive[29] Cascade Hashing	8 Ponit for F-matrix[20]	P3P[32]	linear(DLT) [20]	own LM BA	RANSAC[19]

图 7-27　增量式 SFM 框架与增量式 SFM 算法的对比

增量式 SFM 的优势：系统对特征匹配及外极几何关系的外点比较鲁棒，重建场景精度高；标定过程中通过 RANSAC 不断过滤外点；捆绑调整不断地优化场景结构。

增量式 SFM 的缺点：对初始图像的选择及摄像机的添加顺序敏感；场景漂移，大场景重建时产生累计误差；效率不足，反复地捆绑调整需要大量的计算时间。

2. 全局式 SFM

全局式 SFM 的功能：估计所有摄像机的旋转矩阵和位置并三角化初始场景点。

全局式 SFM 的优势：将误差均匀分布在外极几何图上，没有累计误差；不需要考虑初始图像和图像的添加顺序；仅执行一次捆绑调整，重建效率高。

全局式 SFM 的缺点：鲁棒性不足，旋转矩阵求解时 $L1$ 范数对外点相对鲁棒，而摄像机位置求解时相对平移关系对匹配外点比较敏感；场景完整性不足，过滤外极几何边时可能丢失部分图像。

3. 混合式 SFM

混合式 SFM 在一定程度上综合了 Incremental SFM 和 Global SFM 各自的优势。混合式 SFM 的整个框架可以概括为极线几何图、全局旋转估计、增量中心估计、最终束调整，如图 7-28 所示。

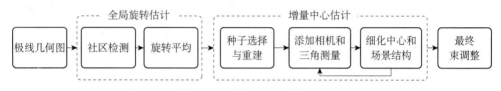

图 7-28　全局式 SFM 框架图

用全局的方式提出一种基于社区的旋转误差平均法，该方法既考虑了对极几何的精度又考虑了成对几何的精度。基于已经估计的相机的绝对旋转姿态，用一种增量的方式估计相机光心位置。对每个添加的相机，其旋转和内参保持不变，同时使用改进的 BA 细化光心和场景结构。

层次式 SFM 同样借鉴 Incremental SFM 和 Global SFM 的各自优势，但是基于分段式的 Incremental SFM 和全局式 SFM，没有像混合式 SFM 那样分成两个阶段进行。

SFM 中用来进行重建的点是由特征匹配提供的，所以 SFM 获得特征点的方式决定了它不可能直接生成密集点云。而 MVS 则几乎对照片中的每个像素点都进行匹配，几乎重建每个像素点的三维坐标，这样得到的点的密集程度很高。

7.3.4　深度学习与三维重建

常规的三维图像的形状表示主要有四种：深度图（Depth Map）、点云（Point Cloud）、体素（Voxel）、网格（Mesh）。

1. 深度估计

假设有一张二维图片 I，需要用一个函数 F 来求取每个像素对应的深度 d，这个过程用公式表示为 $d=F(I)$。

但是众所周知，F 是非常复杂的函数，因为从单张图像中获取具体的深度相当于从二维图像推测出三维空间，即使人类的双眼也无法获取深度信息。如图 7-29 所示，人类无法判断所谓的巨人手掌是模型还是摆拍。所以传统的深度估计在单目深度估计上效果并不好。人们更着重于研究多视觉几何，即从多张图像中得到深度信息。因为两张图像就可以根据视角的变化得到图片之间的差异，从而达到求取深度的目的。

图 7-29　单幅图像无法估计深度

随着 CNN（卷积神经网络）在二维图像方面取得的巨大成就，涌现出很多基于 CNN 的深度图。因为深度图本身就是一个监督学习，真值可以通过激光/结构光等深度传感器获取，而分辨率和输入图像相同，本质是一个二维图像像素分类问题。但是，深度图还不足以解释重构原始输入的信息，它只能作为三维场景理解的一个辅助信息。所以，开始研究利用一组二维图来重构 3D 点云图或 Voxel 和 Mesh 图。

2．3D 形状预测

基于深度学习的 3D 点云图和 Mesh 图重构是较难以计算的，因为深度学习一个物体完整的架构需要大量的数据支持。传统的 3D 模型是由体素和网格组成的，因此不一样的数据规模造成了训练的困难。所以，后续大家都用 Voxelization（体素化）的方法把所有 CAD Model 转成 Binary Voxel 模式（有值为 1，空缺为 0），这样保证了每个模型都是大小相同的。

采用深度学习从 2D 图像到其对应的 3D 体素模型的映射：首先利用一个标准的 CNN 结构对原始输入图像进行编码，然后用 Deconv 进行解码，最后用 3D LSTM 的每个单元重构输出体素。3D 体素是三维的，它的分辨率成指数增长，所以它的计算相对复杂，目前主要采用 32*32*3 以下的分辨率以防止过多地占用内存，但是也使得最终重构的 3D 模型的分辨率不高。

7.4　深度学习在医学影像中的应用

深度学习是机器视觉中的一个重要分支。近年来，深度学习在计算机视觉领域的巨大成功，激发了国内外许多学者将其应用于医学影像分析。基于深度学习的医学影像分析方法在病灶检测、良恶性分类、病灶分割、病灶 3D 重建等方面取得了显著效果。建立基于深度学习的医学影像分析模型，挖掘肉眼看不到的深层特征，突破目前依赖医师主观判读影像的局限性，辅助临床医生对病理的深层次解析和把握，为临床医学中各种重大疾病的筛查、诊断、治疗计划制订、治疗影像引导、疗效评估和随访提供科学方法和先进技术。

7.4.1 深度学习在医学影像中的自动化分割应用

病灶提取与分割是医学影像 AI 的关键基础。近年来，深度学习在肺癌、脑瘤、乳腺癌等医学影像分割上成绩斐然，并催生出一批优秀的专业医学影像处理公司。下面分别以肺癌、脑瘤和乳腺癌三种影像（见图 7-30）为例，介绍深度学习在医学影像中的分割应用。手动勾画病变区是一种劳动密集型的工作，并且受主观、心理波动和生理疲劳的影响，开发一种计算机辅助智能化病灶区分割方法具有临床应用价值。

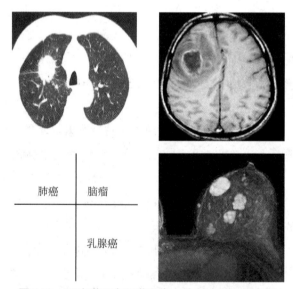

图 7-30 深度学习在医学影像中的自动化分割案例

案例 1 基于深度学习的肺结节分割

肺癌是导致人类死亡的主要原因之一。肺癌主要以肺结节的形式表现出来，肺结节的形状和大小变化是良恶性诊断的主要依据。精确地分割肺结节是获取这些信息的先决条件，因此肺结节精确分割是发现与诊断肺癌的关键技术。

目前，肺癌数据库比较权威的是 LIDC 公开数据集，包含 1018 例病人的 CT 肺结节数据。每例影像均由 4 位经验丰富的胸部放射科医师进行了两阶段的诊断标注。如图 7-31 所示，左上图为肺部横切面局部影像，左下图标记了肺结节的位置，右两图为肺结节相应的 3D 重建影像。

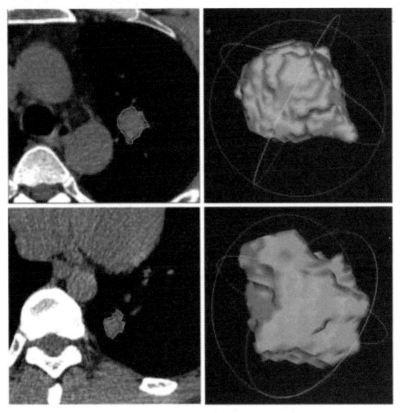

图 7-31 基于深度学习的肺结节分割示例

案例 2 基于深度学习的脑部胶质瘤分割

有效解决脑肿瘤异质性难以定量评估的问题，是重要的临床诊断手段之一，而将脑肿瘤区域分割出来是解决该问题的关键。图 7-32 所示是脑部胶质瘤的影像，第一列和第二列为不同影像序列，第三列为分割的金标准，第四列为深度学习分割结果。由图可知，分割结果十分接近分割的金标准。胶质瘤边界模糊，难以界定，深度学习的分割结果相较于传统的图像处理方法可以大幅提升病灶区域的准确性，并且具有普适性。

以上数据来源于国际医学图像计算和计算机辅助干预协会 MICCAI 举办的脑部肿瘤分割比赛官方网站。

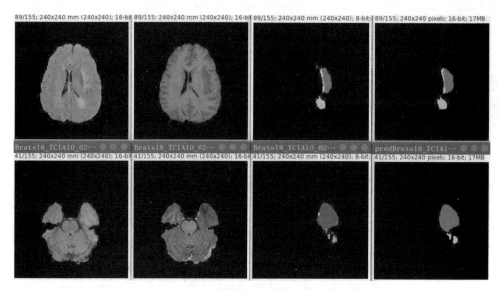

图 7-32　基于深度学习的脑部胶质瘤分割示例

案列 3　基于深度学习的乳腺癌分割

乳腺癌是严重影响女性患者的生活质量和身心健康的众多疾病之一。乳腺癌的准确分割是计算机辅助诊断系统的关键基础，对于早期预防、术中引导和术后康复具有重大临床研究价值。基于深度学习的乳腺癌分割示例如图 7-33 所示。

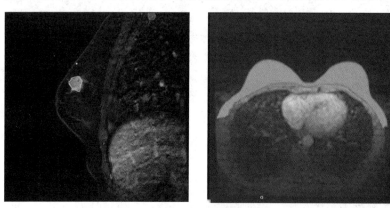

图 7-33　基于深度学习的乳腺癌分割示例

乳房区周围背景复杂，有心脏、胸壁等组织，而胸壁由脂肪、皮肤、肌肉和胸骨组成。这些组织都会影响和干扰乳腺癌的自动化分割。乳腺癌的分割具有一定的挑战性，开发一种计算机辅助智能化病变分割方法具有临床应用研究价值。第一步，从影像中分割出乳房区域；第二步，通过深度学习模型从乳房区域分割出乳腺癌区域。

7.4.2 基于深度学习的乳腺癌影像分割的方法详解

1. 医学影像研究框架的选择

深度学习医学影像分割主流开发框架如图 7-34 所示。国外开发平台的建设在时间上早于我国。目前，使用较多的是谷歌的 Tensorflow 框架、Facebook 的 Pyrtorch 框架和伯克利的 Caffe 框架，深受高校科研工作者和医学界的喜爱。在深度学习医学影像分割开发框架方面，我国虽然起步略晚，但像 BAT（百度、阿里巴巴、腾讯的合称）公司已经开始了大规模布局。该框架的开发环境要求偏高，要求配置高性能计算机和 GPU 显卡，用于大量数据的训练。

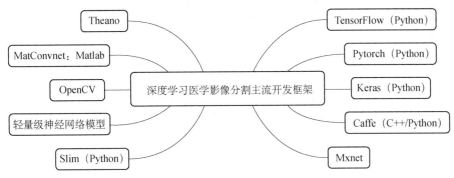

图 7-34 深度学习医学影像分割主流开发框架

以某高校为例，其在框架开发上配置如下：开发环境为 Ubuntu18.04，计算机主处理器为 Intel（R）Core（TM）i9-9900K CPU @ 3.60GHz×16，显卡为 GeForce RTX 2080 Ti，采用 Python3.6 编程语言，使用 Pytorch1.3［34］开源库。

2. 乳腺癌数据预处理

首先，完成影像数据的清洗和脱敏处理。

乳腺癌医学影像数据通常包含了患者的信息。如果数据来源是临床病人的影像，需要保护病人隐私。必须把姓名、性别、年龄、病情等信息去除，方可应于研究，即所谓脱敏处理。另外，还有些影像数据存在残缺或不完善，也需要人工进行剔除，即需要完成数据的清洗。

其次，由专业人士完成医学影像数据中病灶位置的标定。

医学影像中的病灶位置通常需要经验丰富的临床医生进行标定，由医师手动制作一批数据，用作深度学习的训练集。

最后，影像数据增强归一化处理。

通常临床影像数理量较少，需要使用影像增强的方式对数据库进行扩张，增加训练样本数量。通常采用平移、旋转、裁剪、对称等方式，或其他深度学习的数据增强方式，对原数据库进行适当扩大。

医学影像通常存在噪声，需要对影像本身做灰度增强处理，将数据做归一化处理。通过上述处理后的影像示例如图 7-35 所示。

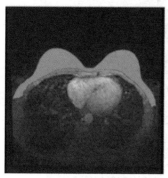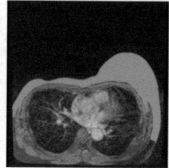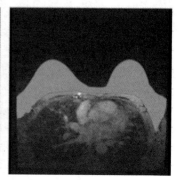

图 7-35　乳腺癌医学影像预处理示例

3. 构建基于 U-Net 的乳腺癌分割模型

U-Net 模型是医学影像语义分割任务中公认的基准，是一种全卷积神经网络，能够同时结合底层和高层信息，底层信息有助于提高精度，高层信息用来提取复杂特征。在本书中，以 U-Net 模型（见图 7-36）为例进行乳腺癌模型的构建。

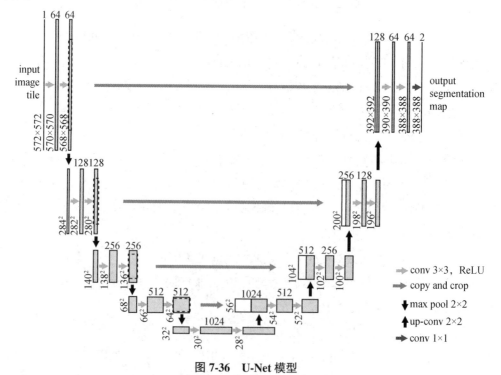

图 7-36　U-Net 模型

U-Net 模型的编码下采样 4 次，对称地，其解码也相应上采样 4 次，将译码器得到的高级语义特征图恢复到原图片的分辨率。同时，编解码阶段使用了跳层连接，这样就保证了最后恢复出来的特征图融合了更多的低级信息，也使得不同尺度的特征得到了融合，从而能够进行多尺度预测。4 次上采样也使得分割图恢复边缘等信息更加精细。

乳腺癌分割结果模型架构如图 7-37 所示。

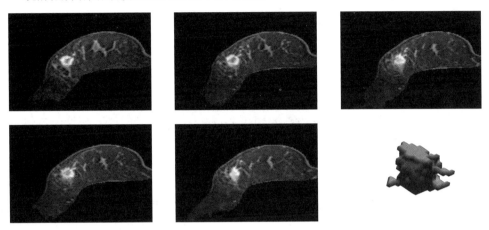

图 7-37　乳腺癌分割结果模型架构

4. 分割评价指标

医学图像分割领域常用分割标准包括相似系数（Jaccard Similarity）、骰子系数（Dice Coefficient）、灵敏度（Sensitivity）、特异性（Specificity）、精确度（Precision）。

$$Jaccard = \frac{sum(TP)}{sum(TP + FN + FP)} \tag{7-4}$$

$$Dice = \frac{sum(2*TP)}{sum(2*TP + FP + FN)} \tag{7-5}$$

$$Sensitivity = \frac{sum(TP)}{sum(TP + FN)} \tag{7-6}$$

$$Precision = \frac{sum(TP)}{sum(TP + FP)} \tag{7-7}$$

式中，TP（True Positive）是正确分类为病理区域的像素数；FP（False Positive）是被错误判断为病理区域的背景像素数；TN（True Negative）是被正确识别为背景的像素数；FN（False Negative）是被识别为背景的病理区域像素数。U-Net 分割指标见表 7-2。

表 7-2　U-Net 分割指标

Model Type	Jaccard	Dice	Sen sitivity	Spe cificity	Precision
U-Net	0.6348	0.7557	0.8018	0.9989	0.7688

5. 总结

基于深度学习的医学影像分割方法层出不穷，针对病灶的分类、分割、预测、检测等，需要研究人员在深入地理解算法的同时也初步了解病理信息，同时需要不同专业背景的科研人员跨专业合作，方能更好地发挥深度学习在临床诊断的辅助功能。

7.5　深度学习在面部表情识别中的应用

7.5.1　基于深度学习的表情识别应用案例

在日常生活中，人类面部的表情包含了丰富的信息，轻微的表情变化都会反映内在心理的变化。表情可以说是一门世界语言，不分国界、种族及性别，对于大部分人而言表情解读具备普适性，基本分为 7 种基础表情——生气、害怕、厌恶、开心、悲伤、吃惊和蔑视。

国内外公司在表情识别领域均取得不菲成绩。美国微软提供了用于表情识别的API。国内公司百度建立了 AI 体验中心；旷视科技推出了 Face++人工智能开发平台，搭建中国特色的表情识别产品，能够识别愤怒、厌恶、恐惧、高兴、平静、伤心、惊讶等七类情绪的表情。如图 7-38 所示，输出一张有正面的人脸图片，系统正确定位出人脸位置，通过深度学习方法提取人脸表情，并正确识别出"高兴"表情。

图 7-38　旷视科技 Face++人工智能的人脸表情识别

表情情感识别任务有潜在的实用价值，如应用在婚姻关系预测、交流谈判、教学评估、金融欺诈、自动驾驶等领域。在自动驾驶领域可以监测和分析驾驶过程中司机出现的分心、疲劳及相关负面情绪波动情况，结合驾驶辅助系统提升驾驶安全。在教育领域，实时测量学习者对学习内容与在学习过程中的情绪变化（如注意力集中、理解困惑、厌恶度等）。在智能家居领域，识别用户的行为，调节电器，使其更具智能化。

7.5.2 基于深度学习的表情识别开发过程

面部表情本身就是一种身体语言，表情肌的改变可生成丰富的面部表情，这些表情可以表达出个体的心态和情感。基于深度学习的人脸表情识别（Automatic Facial Expression Analysis，AFEA）方法能够提取更加丰富、细节化的表情信息，其开发步骤包括数据采集、数据预处理、人脸检测、人脸关键点检测、深度学习模型训练、模型在线测试等。

1. 人脸表情数据

准备充分的人脸表情数据库是从事深度学习研究的基础。开发者可以自行建库，但成本高、耗时长，主流的方式是采用公开的数据库。目前，现有的公开人脸表情数据库比较少，并且数据库规模小。比较有名的广泛用于人脸表情识别系统的数据库是 Extended Cohn-Kanada（CK+）。该数据库包含 123 个对象的 327 个被标记的表情图片序列，共分为正常、生气、蔑视、厌恶、恐惧、开心和伤心七种表情。另一个人脸表情数据库是 Kaggle，该数据库含 28709 张训练样本，3859 张验证数据集和 3859 张测试样本，共 35887 张包含生气、厌恶、恐惧、高兴、悲伤、惊讶和正常七种表情类别的图像，图像分辨率为 48×48。该数据库中的图像大都可在平面和非平面上旋转，很多图像中都有手、头发和围巾等表情遮挡物，同时数据存在一定误差性。

2. 人脸表情预处理

人脸表情预处理包括人脸检测、人脸对齐、数据增强和归一化三个部分。

人脸表情预处理是为了防止网络过快地过拟合，可以人为地进行图像变换，例如翻转、旋转、切割等。上述操作称为数据增强。数据操作还有另一个好处就是扩大数据库的数据量，使得训练的网络鲁棒性更强。

对于一个给定的数据集，首先移除与人脸不相关的背景和非人脸区域。ViolaJones 人脸检测器（在 OpenCV 和 Matlab 中都有实现）是比较成熟的检测工具，该检测器能将原始图片裁剪以获得人脸区域。通过对齐把人脸从整个图像中扣取出来，可以减少人脸尺度改变和旋转产生的影响，从而定位出面部特征点（双眼、两个眉毛、鼻子和嘴巴），如图 7-39 所示。

图 7-39　人脸检测与对齐

数据增强包括在线和离线两种方式，离线方式的操作包括随机扰动、图像变换（旋转、评议、翻转、缩放和对齐）、添加噪声（椒盐噪声和斑点噪声）、调整亮度和饱和度，以及在两眼之间添加二维高斯分布的噪声。此外，还可用对抗神经网络 GAN 生成人脸。在线方式的操作是，在训练时，进行裁剪、水平翻转。

归一化主要是考虑人脸的光照和头部姿势变化会削弱训练模型的性能。有两种脸部归一化的策略，分别是亮度归一化和姿态归一化。除了直观地调整亮度外，还有对比度调整。常见的对比度调整方法有直方图归一化、DCT 归一化、Dog 归一化。姿态归一化是一个棘手的问题，目前的方法都不太理想。

3. 深度学习模型训练

CNN 中的多个卷积和汇集层可以提取整个面部或局部区域的更高和多层次的特征，且具有良好的面部表情图像特征的分类性能。将数据集划分为训练集和测试集，使用深度学习模型提取人脸表情的特征。主要的深度学习模型包括 CNN、深度置信网络（Deep Belief Network，DBN）、深度自动编码器（Deep Autoencoder，DAN）和递归神经网络（Recurrent Neural Network，RNN）等。

首先，选择模型开发的框架。

常见的深度学习开发框架有 TensorFlow、Pytorch、Caffe、CNTK、Keras、MXNet 等。这里采用 Pytorch 框架展开研究。

其次，搭建表情识别的模型。

分别采用了 VGG19 和 Resnet18 来完成表情的识别与分类，采用深度卷积神经网络将人脸表情特征提取与表情分类融合到一个 end-to-end 的网络中。

VGGNet 是牛津大学计算机视觉组（Visual Geometry Group）和 Google DeepMind 公司的研究员一起研发的深度卷积神经网络。VGGNet 探索了卷积神经网络的深度与其性能之间的关系，通过反复堆叠 3×3 的小型卷积核和 2×2 的最大池化层，其成功地构筑了 16～19 层深的卷积神经网络。VGG16 模型结构图如图 7-40 所示。VGG19 包含了 19 个隐藏层（16 个卷积层和 3 个全连接层）。整个网络都使用了同样大小的卷积核尺寸（3×3）和最大池化尺寸（2×2）。VGG19 的每个小块都是由一个卷积层、一个 BatchNorm 层、一个 Relu 层和一个平均池化层构成的。而 ResNet 由两个卷积层、两个 BatchNorm 层组成，而且每个 ResNet 模块的输入和输出端还有快捷链接。

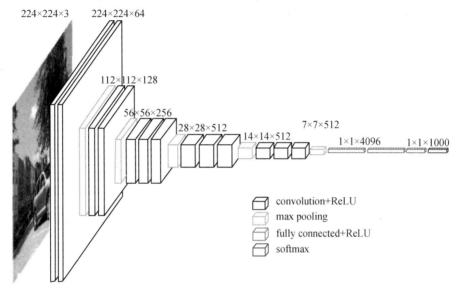

图 7-40　VGG16 模型结构图

ResNet（Residual Network，残差网络）模型引入残差学习来解决深层次网络的退化问题。ResNet 的核心思想是更改网络结构的学习目的，原本学习的是直接通过卷积得到的图像特征 $F(X)$，现在学习的是图像与特征的残差 $F(X)-X$，这样更改的原因是残差学习相比原始特征的直接学习更加容易，如图 7-41 所示。

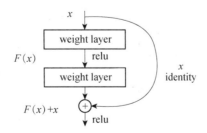

图 7-41　ResNet 模型的核心思想——残差学习

残差学习解决了由于网络深度增加而引起的梯度爆炸和梯度消失问题，因此能够有效地加深网络的深度，使得结果更好。完整的 ResNet18 模型结构图如图 7-42

所示。带有权重的 18 层，包括卷积层和全连接层，不包括池化层和 BN 层，其中 17 个卷积层和 1 个全连接层。在 VGG 中，使用了 3 个 3×3 卷积核来代替 7×7 卷积核，使用了 2 个 3×3 卷积核来代替 5×5 卷积核，这样做的主要目的是在保证具有相同感知野的条件下，提升了网络的深度，在一定程度上提升了神经网络的效果。

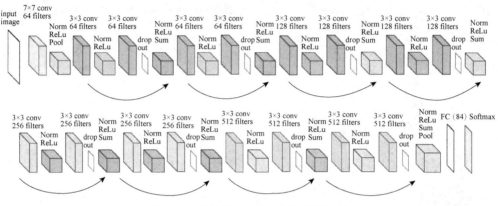

图 7-42 完整的 ResNet18 模型结构图

4. 模型在线测试

训练的 VGG 模型和 ResNet 模型在 FER2013 数据集上的分类准确率分别为 71.496% 和 71.19%。VGG 和 ResNet 模型在数据预处理、超参数的选取上还有一定的提升空间，对于一些表情，比如伤心、难过还是不易区分。

VGG 模型、ResNet 模型分别在 FER2013 数据集上的测试表见表 7-3 和表 7-4。

表 7-3　VGG 模型在 FER2013 数据集上的测试统计表

模型	公开准确率
VCC19_softmax	68.821%
VGG19+dropout+softmax	69.490%
VGG19+dropout+10crop+SVM	70.772%
VCG19+dropout+10crop+softmax	71.496%

表 7-4　ResNet 模型在 FER2013 数据集上的测试统计表

模型	公开准确率
Resnet18_softmax	70.103%
Resnet18+dropout+softmax	70.103%
Resnet18+dropout+10crop+SVM	70.549%
Resnet18+dropout+10crop+softmax	71.190%

第 8 章　人工智能技术应用——
自然语言处理

本章内容和学习目标

本章主要通过自然语言处理的典型案例介绍该领域的四种技术，即机器翻译技术、语音识别技术、智能文本创作技术及文本分类技术。本章主要内容包括机器翻译的基本概念、基于深度学习的机器翻译方法、语音识别的基本概念、基于编码器/解码器的语音识别方法、语音识别的典型应用、智能文本创作系统、诗歌语料库、智能文本创作的方法、文本分类的基本概念、文本情感分类的基本概念、文本分类的方法。

通过上述内容的学习，学习者应能够理解自然语言处理的基本概念、主要任务及其应用，理解机器翻译、语音识别、智能创作、文本分类的基本原理，提高自身应用自然语言处理技术解决专业相关问题的能力。

8.1　人工智能在机器翻译中的应用

8.1.1　机器翻译简介

这里以百度翻译为例，对机器翻译相关内容进行简单介绍。

百度翻译（https://fanyi.baidu.com/）是由百度公司提供的即时免费的多语种文本翻译和网页翻译服务，支持中、英、日、韩、泰、法、西、德等 28 种热门语言互译，覆盖 756 个翻译方向。

机器翻译是指利用计算机来自动地将文字从一种自然语言（源语言）转化成具有完全相同含义的另一种自然语言（目标语言）的过程。在计算机领域，机器翻译通常作为自然语言处理的一个核心任务为大量研究学者所熟悉。它与句法分析、语义分析和自然语言生成等自然语言处理的核心课题之间存在着非常紧密的关系。

一种简单的机器翻译系统如图8-1所示，可以大致分为三个部分，即分析、转换和生成。

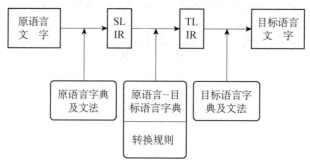

图8-1　一种简单的机器翻译系统

以"Miss Smith put two books on this dining table"这句英文翻译成中文为例，首先应对这句话进行构词和语法的分析，得到图8-2左图所示的英文语法树。到了转换阶段，除了进行两种语言间词汇的转换（如"put"被转换成"放"），还会进行语法的转换，因此原语言的语法树就会被转换为目标语言的语法树，如图8-2右图所示。

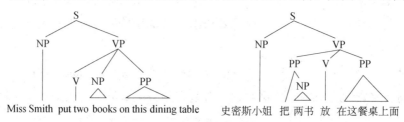

图8-2　机器翻译示例

语法树的结构经过变动后，已经排列出正确的中文语序。但是，直接把整棵树的各节点排列起来，便成为"史密斯小姐把两书放在这餐桌上面"，这其实并不是合乎中文文法。因此在生成阶段，还应再加上中文独有的其他元素（例如量词"本"和"张"），来修饰这个句子。这样就可以得到正确的中文翻译："史密斯小姐把这两本书放在这张餐桌上面"。以上仅为经过高度简化的流程，在实际的机器翻译系统中，往往需要经过更多层的处理。

自然语言处理的难点在于自然语言本身相当复杂，会不停地变迁，常有新词及新的用法加入，而且例外繁多。机器翻译遇到的主要问题可以归纳为两大项：一是文句存在歧义；二是语法不符合设定。在自然语言的语法和语义中，不时会出现歧义和不明确之处，需依靠其他信息加以判断。这些所谓的"其他信息"，有些来自上下文（包括同一个句子或前后的句子），也有些是来自阅读文字的人之间共有的背景知识。

所谓歧义，就是一个句子可以有许多种不同的可能解释。很多时候我们对歧义的出现浑然不觉。例如，图 8-3 和 8-4 列举的两处歧义。

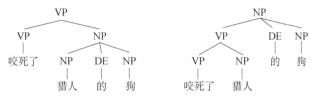

图 8-3　自然语言中的歧义示例 1

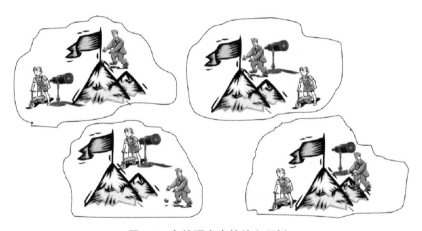

图 8-4　自然语言中的歧义示例 2

图 8-5 和 8-6 分别是百度翻译给出的上述两个句子的翻译结果。

图 8-5　百度翻译对歧义示例 1 的翻译结果

图 8-6　百度翻译对歧义示例 2 的翻译结果

另外，虽然所有的语言都有语法（或称为文法），但是实际上所谓的语法是一些语言学家针对目前拥有的语料所归纳出的一些规则。这些规则不见得完整，往往会有许多例外。再加上语言是一直在变化的，因此我们无法要求语言的使用者，每字每句都合乎语言学家设定的文法，自然也难以避免这些状况发生在我们所要翻译的稿件中。这些不合设定文法的例子包括不明的词汇（如拼错的字或新产生的专有名词）和旧有词汇的新用法。例如，"Please xerox a copy for me." 这样的句子，即将复印机厂 xerox 的公司名称当作动词"复印"来使用。

这些状况有些来自单纯的疏失，例如错字、漏字、赘字、转档或传输时产生的乱码，或是不慎混入的标签，也有些是已经获得接受的新词汇和新语法。理想的机器翻译系统，必须能够适当地处理这些不符合设定语法的问题。

除了词汇以外，在语句的层次上也有可能出现不合文法的情形。例如，"Which one？"之类的短句，违反了传统的英文文法，因为句中没有动词，不合乎许多文法课本对句子的定义。而"My car drinks gasoline like water."这样的句子，也违反了一般认为动词"drink"的主词必须是生物的设定。

欲解决上述的歧义或语法不符合设定问题，需要大量的知识。这些知识的呈现、管理、整合及获取，是建立机器翻译系统时的最大挑战。我们不但要将这些包含在语言学之内、跨语言学的，以及超乎语言学之外的知识抽取、表达出来，用以解决上述语法错误和歧义问题，还要维护庞大的知识库。

此外，由上文可知，仅仅依靠专业领域的字典，无法解决各领域的特殊问题。我们真正需要的是各相关领域的专业知识。因此，我们建立的知识库必须包罗万象，涵盖各领域、各层面的知识。这些知识不但范围广，而且杂乱琐碎，若要建立完善，本身就是一项艰巨的工作。事实上，知识的取得是机器翻译系统开发上的瓶颈之一。因此，若要解决机器翻译问题，一定要有成本适宜且全面性的知识获取方式，并兼顾多人合建系统时的一致性问题。

8.1.2　基于深度学习的机器翻译方法

目前，主流的机器翻译方法是基于深度学习的方法。此类方法又称神经机器翻译，是指直接采用神经网络以端到端方式进行翻译建模的机器翻译方法。区别于利用深度学习技术完善传统统计机器翻译中某个模块的方法，神经机器翻译采用一种简单直观的序列到序列（Seq2Seq）模型完成翻译工作：首先使用一个称为编码器（Encoder）的神经网络将源语言句子编码为一个稠密的向量，然后使用一个称为解码器（Decoder）的神经网络从该向量中解码出目标语言句子。上述神经网络模型一般称之为编码器-解码器（Encoder-Decoder）结构模型（见图 8-7）。

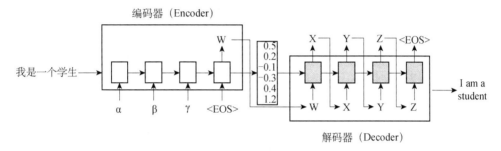

图 8-7　编码器-解码器结构模型

我们可以将编码器和解码器理解为只会两种语言的人工翻译者。他们的第一语言是母语，但两者的母语是不同的，比如一个是德语，另一个是法语；而他们的第二语言则是他们共有的一种虚构语言。为了将德语翻译成法语，编码器将德语句子转换为它所掌握的另一种语言，在这里称为"虚构语言"。同时，由于解码器能够读取该虚构语言，因此它可以把这个语言翻译成法语。于是，这个模型（由编码器和解码器组成）就可以合力将德语翻译成法语。

假设一开始编码器或解码器对于虚构语言都不是非常流利，为了很好地掌握该虚构语言，我们将使用很多例子对它们（模型）进行训练。编码器和解码器的典型基础配置是它们各自带一个循环神经网络模块。

我们还需要一个技术细节来让编码器和解码器更容易理解，即注意力机制。注意力机制通过查看输入序列，然后在每个步骤确定序列中某一部分是否重要。这看似抽象，但举个例子就很好理解了：在阅读本文时，你总是会把注意力集中在你阅读的单词上，但同时你的脑海仍然保留了一些重要关键词，以便联系上下文。

注意力机制对于给定序列的工作方式与我们的阅读方式类似。对于拟人编码器和解码器，我们可以想象为，编码器不仅用虚构语言写下句子的翻译，而且还写下了对句子语义理解很重要的关键词，并将这些关键词及常规翻译都提供给解码器。通过这些关键词，以及一些关键术语所关联的句子上下文，解码器就可以识别出句子的重要部分，因此这些关键字（包括关键词和关键术语）就能够帮助解码器更容易地进行翻译。

换而言之，对于编码器读取的每个输入，注意力机制会同时考虑其他几个输入，并通过对这些输入赋予不同的权重来决定哪些输入是重要的。然后，解码器将编码的句子和注意力机制提供的权重作为输入。

编码过程实际上使用了循环神经网络记忆的功能，通过上下文的序列关系，将词向量依次输入网络。对于循环神经网络，每次都会输出一个结果，但是编码的不同之处在于，只保留最后一个隐藏状态，相当于将整句话浓缩在一起，将其保存为一个稠密的向量供后面的解码器使用。

解码和编码网络结构几乎是一样的，唯一不同的是，在解码过程中，是根据前面的结果来得到后面的结果。编码过程中输入一句话，这一句话就是一个序列，而且这个序列中的每个词都是已知的，而解码过程相当于什么也不知道。首先需要一个标识符表示一句话的开始，然后接着将其输入网络，得到第一个输出作为这句话的第一个词，接着通过得到的第一个词作为网络的下一个输入，得到的输出作为第二个词，不断循环，通过这种方式来得到最后网络输出的一句话。

序列到序列网络结构得到广泛应用的原因是翻译的每句话的输入长度和输出长度一般都是不同的，而序列到序列的网络结构的优势在于不同长度的输入序列能够得到任意长度的输出序列。使用序列到序列的模型，首先将一句话的所有内容压缩成一个内容向量，然后通过一个循环神经网络不断地将内容提取出来，形成一句新的话。

循环神经网络（Recurrent Neural Network，RNN）是一种用于处理序列数据的神经网络，其网络结构示意图如图 8-8 所示。相比一般的神经网络，RNN 能够处理序列变化的数据。比如某个单词的意思会因为上文提到的内容不同而有不同的含义，RNN 能够很好地解决这类问题。

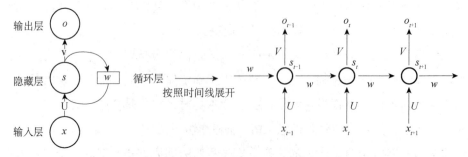

图 8-8　循环神经网络结构示意图

当我们在理解一句话的意思时，孤立地理解这句话的每个词是不够的，需要处理这些词连接起来的整个序列。很明显，在一个句子中，前一个单词其实对于当前单词的词性预测是有很大影响的。例如，对于句子"我/nn 吃/v 苹果/nn"，预测苹果的时候，由于前面的吃是一个动词，那么很显然苹果作为名词的概率就会远大于动词的概率，因为动词后面接名词很常见，而动词后面接动词很少见。循环神经网络不仅将当前的输入样例作为网络输入，还将它们之前感知到的一并作为输入。一个循环神经元存储了所有之前步的输入，并将这些信息和当前步的输入合并。因此，循环神经网络还可捕获到一些当前数据步和之前步的相关性信息。$t-1$ 步的决策影响到第 t 步做的决策，这很像人类在生活中做决策的方式。我们将当前数据和近期数据结合起来，帮助解决手头的特定问题。

综上所述，随着硬件性能的大幅跃升，计算机的计算能力和内存容量已经不再是机器翻译系统研发的限制因素，同时语料库的规模也与日俱增。由人推导模型，让机器基于大量的双语语料库进行机器学习以获取大量参数，可大幅降低知识获取的复杂度，而这正是以往机器翻译研发的瓶颈所在。展望未来，如果能够在统计参数化模型上，融合语言学的知识，并能以更适当的方式从语料库抽取相关知识，则在某些专业领域获得高品质的翻译，也是乐观可期的。

8.2 人工智能在语音识别中的应用

8.2.1 语音识别的基本概念

这里以科大讯飞语音识别系统为例，对语音识别的相关内容进行介绍。

科大讯飞语音识别系统（https://www.xfyun.cn/services/voicedictation）是由科大讯飞信息科技股份有限公司在讯飞开放平台上推出的一款语音识别应用。它能够提供语音听写、语音转写、实时语音转写、离线语音听写、语音唤醒、离线命令词识别等服务。其主要的功能是把语音转换成对应的文字信息，让机器能够"听懂"人类语言，相当于给机器安装上"耳朵"，使其具备"听"的功能。

语音识别技术，也被称为自动语音识别（Automatic Speech Recognition，ASR），其目标是将人类语音中的词汇内容转换为计算机可读的输入，例如按键、二进制编码或者字符序列。简单地说，就是让计算机等智能设备能听懂人类的语音。语音识别是一门涉及数字信号处理、人工智能、语言学、数理统计学、声学、情感学及心理学等多学科的技术。这项技术可以提供如自动客服、自动语音翻译、命令控制、语音验证码等多种应用。

语言信号实际上是一种波。常见的语言信号存储格式如 mp3 格式都是语言信号的压缩格式，必须通过解压缩转换成纯波形文件。纯波形文件一般存储为 PCM 文件，也就是俗称的 wav 文件。wav 文件里存储的除了一个文件头外，剩下的是声音波形的一个个点。图 8-9 所示为一段声音波形示例。

图 8-9   一段声音波形示例

帧：将语言信号切分成若干小段，每小段称为一帧。

音素：单词的发音由音素构成。英语常用的是卡内基梅隆大学制定的一套由 39 个音素构成的音素集。汉语一般直接用全部声母和韵母作为音素集，另外汉语识别还分有调和无调。

状态：简单理解为比音素更细致的语音单位，通常把一个音素划分成三个状态。

若干帧语音对应一个状态，每三个状态组合成一个音素，若干个音素组合成一个单词。也就是说，只要知道每帧语音对应哪个状态，语音识别的结果也就出来了。

目前，常见的语音识别方法可分为基于模式匹配的方法和基于编码器/解码器的方法两大类。基于模式匹配的方法将语音识别视为一种基于语音特征参数的模式识别，即通过学习，系统能够把输入的语音按一定模式进行分类，进而依据判定准则找出最佳匹配结果。基于编码器/解码器的方法使用深度学习中的序列到序列模型将声音信号转换为文本。基于编码器/解码器的方法在实际应用中取得了较好的效果，成为目前主流的研究方法。下面详细介绍基于编码器/解码器的语音识别方法。

8.2.2   基于编码器/解码器的语音识别方法

基于编码器/解码器的语音识别方法类似于神经机器翻译方法，利用序列到序列模型，将声音信号输入到神经网络，通过编码器和解码器训练，生成文本。其处理流程如图 8-10 所示。具体地说，首先需要将声音转换成数字信号。声波是二维的，它在每个时刻都有一个基于其高度的值（振幅）。为了将声波转换成数字信号，则在处理时只记录声波在等距点的高度值即可。

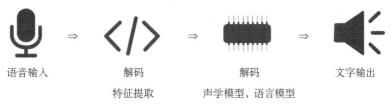

语音输入　　　　　解码　　　　　　　解码　　　　文字输出
　　　　　　　　特征提取　　　声学模型，语言模型

图 8-10　基于编码器/解码器的语音识别处理流程

声波采样：即以一定频率读取声波，并把声波在该时间点的高度用一个数字记录下来，从而得到一个未压缩的 wav 音频文件。"CD 音质"的音频是以 44.1kHz 频率（每秒 44100 个读数）进行采样的。但对于语音识别，16kHz（每秒 16000 个采样）的采样率就足以覆盖人类语音的频率范围了。例如，对"Hello"的声波每秒采样 16000 次，得到一个 16000 维的向量。向量中每个数字表示声波在一秒钟的16000 分之一处的振幅。

采样定理：若要从间隔的采样中完美地重建原始声波，则采样频率应至少是期望得到的最高频率的两倍。

预处理采样声音数据：直接把声波采样得到的数据输入到神经网络中进行语音识别，效果并不好，通过对音频数据进行预处理能够使语音识别变得更容易。首先，将采样音频分成每份 20ms 长的音频块。为了使音频数据更容易被神经网络处理，可将复杂的声波分解成若干个组成部分。将声波中分离出的低音部分，再分离出更低音的部分，以此类推。然后将（从低到高）每个频段中的能量相加，就为各个类别的音频片段创建了一个指纹。

还需要对声音信号进行傅立叶变换，将复杂的声波分解为简单的声波。一旦获得了这些简单的声波，就可将每份频段所包含的能量加在一起，最终得到的结果便是从低音（低音音符）到高音每个频率范围的重要程度。若以每 50Hz 为一个频段，则 20ms 的音频块所含有的能量从低频到高频就可以表示为一个向量。向量中的每个数字表示一份 50Hz 频段所含的能量。如果对每 20ms 的音频块重复以上过程，最终会得到一个频谱图，如图 8-11 所示，图中每列从左到右都是一个 20ms 的音频块。

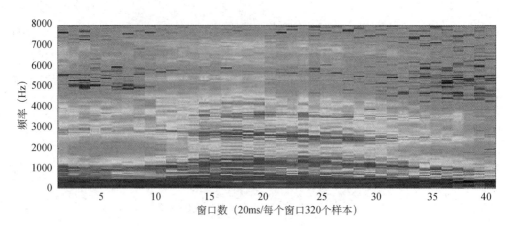

图 8-11 一段声音的频谱图示例

将上述声音的 20ms 音频切切片输入到循环神经网络，输出这个音频切切片最可能对应的字符（概率最大的字符）。循环神经网络拥有记忆单元，因此，它预测的每个字母都应该能够影响它对下一个字母的预测。例如，如果我们已经说了"Hel"，那么我们接下来很有可能会说"lo"来完成"Hello"。

当通过神经网络运行完整个音频剪辑（一次一块）之后，将最终得到一份映射。神经网络正在预测我们所说的那个词很有可能是"HHHEE_LL_LLLOOO"。但它同时认为我们所说的也可能是"HHHUU_LL_LLLOOO"，或者是"AAAUU_LL_LLLOOO"。这时可以遵循一些步骤来整理这个输出。首先，用单个字符替换重复的字符：

- HHHEE_LL_LLLOOO 变为 HE_L_LO
- HHHUU_LL_LLLOOO 变为 HU_L_LO
- AAAUU_LL_LLLOOO 变为 AU_L_LO

然后，删除所有空白：

- HE_L_LO 变为 HELLO
- HU_L_LO 变为 HULLO
- AU_L_LO 变为 AULLO

在可能的转写"Hello"、"Hullo"和"Aullo"中，显然"Hello"会更频繁地出现在文本数据库中，因此它可能是正解的。所以，我们会选择"Hello"作为最终结果，而不是其他的转写。

深度神经网络的自适应技术（线性变换、保守训练和子空间方法）保证对说话人、环境、噪声、语速等的鲁棒性。选择其他深度神经网络模型（如 LSTM、GRU、CNN）、修改模型的某些部分（如以 ReLU 代替 Sigmoid）或者建立一个自定义的共享模型参数的网络都有可能提高语音识别的效果。

8.2.3 语音识别的典型应用

近年来，随着人工智能的兴起，语音识别技术在理论和应用方面都取得较大突破，开始从实验室走向市场，并逐渐走进人们的日常生活。现在语音识别已用于许多领域，主要包括语音识别听写器、语音寻呼和答疑平台、自主广告平台、智能客服等。

语音识别的典型应用按照作用域不同可分为封闭域识别和开放域识别。封闭域识别的识别范围为预先指定的字/词集合，即算法只在开发者预先设定的封闭域识别词的集合内进行语音识别，拒绝识别该范围之外的语音。封闭域识别的产品类型为命令词系统、语音唤醒、语法识别，产品形态为流式传输-同步获取。封闭域识别典型的应用场景主要是不涉及多轮交互和多种语义说法的场景，如简单指令交互的智能家居和电视盒子，语音控制指令一般只有"打开窗帘""打开某某电视台"等。但是，一旦涉及后台配置识别词集合之外的命令，识别系统将拒绝识别这段语音，不会返回相应的文字结果，更不会做相应的回复或者指令动作。

开放域识别无须预先指定识别词集合，通过算法在一个较大的语言集合范围中进行识别。为适应此类场景，声学模型和语音模型一般都比较大，引擎运算量也较大。开放域识别又可分为语音听写和语音转写。语音听写的语音时长较短（小于1min），一般情况下均为一句话。训练语料为朗读风格，语速较为平均，一般为人机对话场景，录音质量较好。采用流式上传-同步获取，语音识别应用或软件会对说话人的语音进行自动录制并将其连续上传至云端，说话人在说完话的同时能实时地看到返回的文字。语音云服务厂商的产品接口中会提供音频录制接口和格式编码算法，供客户端软件边录制边上传，并与云端建立长连接，同步监听并获取识别结果。典型应用场景主要有输入场景（如输入法）、与麦克风阵列和语义结合的人机交互场景（如具备更自然交互形态的智能音响）等。

语音转写开放域识别的语音时长一般较长（5h内），句子较多。训练语料为交谈风格，即说话人说话无组织性比较强，因此语速较不平均，吞字或连字现象较多。录音大多为远场或带噪声的，非实时已录制音频转写。长语音的计算量较大，计算时间较长，非实时处理。语音转写开放域识别典型应用场景有字幕配置、客服语音质检、UGC 语音内容审查等。

8.3　人工智能在智能文本创作中的应用

8.3.1　智能文本创作系统简介

这里以九歌人工智能诗歌创作系统为例，对智能文本创作系统相关内容进行介绍。

让计算机自动生成文本，即智能文本创作是人工智能的重要研究分支之一。目前，人们已经在格式比较严谨的诗歌，尤其是古体诗歌领域取得了较多的成果，其典型代表是清华大学研发的九歌人工智能诗歌创作系统（简称"九歌系统"，其网址为 http://jiuge.thunlp.cn）。人们也尝试研究格式更加自由的文本智能创作系统，比较有代表性的系统是百度的智能创作平台（https://ai.baidu.com/creation/main/index）。

九歌系统是清华大学自然语言处理与社会人文计算实验室研发的人工智能诗歌写作系统。该系统采用深度学习技术并结合多个为诗歌生成专门设计的模型，基于超过 80 万首诗歌进行训练学习。

区别于其他诗歌生成系统，九歌系统具有多模态输入、多体裁、多风格、人机交互创作模式等特点。九歌系统及其研发团队致力于探索 AI 技术和人文领域的结合，助力 AI 赋能文学教育，为中华优秀诗词文化的传承与发展贡献力量。九歌系统可以生成的诗歌类型很多，包括五言绝句、七言绝句、悲伤或者喜悦的藏头诗、集句、32 种常见词牌的词及现代诗。

使用九歌系统生成古体诗的示例如图 8-12 所示，在九歌系统网站主页的输入框（图中①处）中输入关键字、词、句子、段落或上传图片，选择对应的诗歌类型（如五言或七言绝句），单击"生成诗歌"按钮，在"生成结果"框（图中②处）中会显示生成的绝句。同时，九歌系统会自动对所生成的诗歌的不同方面（如通顺性、连贯性等）给出评级（图中③处）。用户可单击"显示相似古诗人诗作"按钮（图中④处），则在界面左侧会显示古人创作的参考诗歌框（图中⑥处），在其中展示与九歌系统生成的诗歌语义、意境相似，体裁一致的古人诗作。单击"换一首"按钮，可查看不同的古人诗作。若用户对所生成的诗歌不满意，可单击"修改推荐/修改模式"按钮（图中⑤处）进行交互创作，此时在界面右侧会显示修改框（图中

⑦处）。用户可单击所生成的诗歌中某个不满意的字（如图中第二句"云"字）进行修改，此时右侧修改框中会给出系统推荐的其他候选字，用户可单击选择某个候选字，或者在"自定义"框中输入其他字。修改模式包括静态修改（只改变被选字）、句内更新（被选字所在的句子会重新生成）、全诗更新（被选字之后的诗句会重新生成）等。单击"确认"按钮，系统会根据用户的修改重新生成诗句，同时"机器评分"也会同步更新。

图8-12 使用九歌系统生成古体诗的示例

百度智能创作平台的功能分为自动创作、辅助创作和多模态创作。其中，自动创作是通过接入数据和配置专属写作模板，快速实现批量和自动生成文章的能力。该平台支持聚合写作、关键词创作等多种创作方式。自动创作包括智能春联、智能写诗和结构化数据写作。结构化数据写作是通过平台提供典型场景的预置数据源与内容模板自动进行文本生成。目前，该平台支持的使用场景包括天气、财经、体育报道。

辅助创作可从素材发现、创作工具角度，提供热点发现、事件脉络、热词分析、文本纠错、用词润色、文本审核、文章分类、文章标签等技术。

多模态创作提供包括图文、视频内容在内的多模态自动创作能力，快速实现文本到视频、视频到文本的多种内容创作能力，全面赋能内容创作。

图8-13展示了百度智能创作平台以北京的天气为主题生成的多模态文本。

写作类型： 天气 股市 体育 换一换

北京今日晴冷，最低温-7℃，及时添衣，谨防感冒

今天是12月13日，北京的天气晴冷，最高温3℃，最低温是-7℃。各项气象条件适宜，无明显降温过程，发生感冒机率较低。接下来几天，气温保持平稳。

08时 11时 14时 17时 20时 23时 02时 05时

-3℃ 1℃ 2℃ 1℃ -1℃ -3℃ -5℃ -6℃

冬季北京常有雾霾，在雾霾天气，有哪些日常生活的建议呢？首先，减少外出活动，儿童、老人和呼吸道、心脑血管疾病患者等易感人群尽量留在室内，避免户外运动。一般人群减少户外运动个室外作业时间。其次，尽量少开窗，确实需要开窗透气的话，可以选择中午阳光较充足、污染物较少的时候短时间开窗换气，时间每次以半小时至一小时为宜。此外，少抽烟、戴口罩、勤清洗口鼻也是防护雾霾的重要做法。天气冷，建议着棉服、羽绒服、皮夹克加羊毛衫等冬季服装。年老体弱者宜着厚棉衣、冬

图 8-13 百度智能创作平台自动文本生成示例

8.3.2 诗歌语料库

训练智能文本创作系统需要大量的语料库，古体诗的智能创作也是一样。本节以九歌人工智能诗歌创作系统为例，介绍诗歌语料库的基本结构。

九歌系统的研发团队发布了一个诗歌语料库，包括一个诗歌质量数据集、一个诗歌情绪数据集。其中，诗歌质量数据集包括 173 首五言和七言绝句，每首诗都被工人标注四项评价，即流畅度（fluency）、连贯性（coherence）、内涵（meaningfulness）、总分（overall score）。每首诗由两位专家进行了人工标注，取平均值。图 8-14 展示了其中的四条数据集，从中可以看出，第一首诗的流畅度是 4 分，连贯性是 4.5 分，内涵是 5 分，总体得分是 5 分。

1　{"poem": "富贵良非愿|林泉毕此生|酒因随量饮|诗或偶然成", "fluency": 4.0, "coherence": 4.5, "meaningfulness": 5.0, "overall score": 5.0}
2　{"poem": "故垒无遗迹|萧然数十家|茶烟映山起|酒帘傍堤斜", "fluency": 3.5, "coherence": 2.5, "meaningfulness": 3.0, "overall score": 3.0}
3　{"poem": "林下翩翩雁影斜|满川红叶映人家|岩头孤寺见横阁|有客独来登暮霞", "fluency": 3.5, "coherence": 3.5, "meaningfulness": 3.5, "overall score": 3.5}
4　{"poem": "万里浮云入望阴|千山落日正沈沈|当朝自馁中兴志|出塞徒劳上将心", "fluency": 3.5, "coherence": 4.0, "meaningfulness": 4.0, "overall score": 3.5}

图 8-14 九歌系统研发团队发布的诗歌质量数据集示例

诗歌情绪数据集被人工标注了 5000 首诗歌的情绪，分为负面（negative）、隐性负面（implicit negative）、中性（neutral）、隐性正面（implicit positive）和正面（positive）五种类别。其中，负面诗歌 289 首，隐性负面诗歌 1467 首，中性诗歌 1328 首，隐性正面诗歌 1561 首，正面诗歌 355 首。数据集中不仅标注了整首诗歌的情绪类别，也对每首诗歌中的每句诗进行了情绪标注。图 8-15 是诗歌情绪数据集中一条数据集的示例，从中可以看出，整首诗歌的情绪标签是"1"，表示负面情绪。诗歌的第一行、第二行的情绪标签也是"1"，表示负面情绪；诗歌的第三行、第四行的情绪标签是"2"，表示隐含负面情绪。

```
{
    "poet": "韦庄",
    "poem": "自有春愁正断魂|不堪芳草思王孙|落花寂寂黄昏雨|深院无人独倚门",
    "dynasty": "唐",
    "setiments": {"holistic": "1", "line1": "1", "line2": "1", "line3": "2", "line4": "2"},
    "title": "春愁"
}
```

图 8-15 九歌系统研发团队发布的诗歌情绪数据集示例

8.3.3 智能文本创作的方法

智能文本创作的方法主要是利用生成模型（Generative Model）来生成文本。生成模型描述的是一类模型，这类模型从某种概率分布中取样若干样本构成训练集，通过训练模型来学习这些数据的概率分布，即以某种方式寻找并表达（多变量）数据的概率分布。有了概率分布，就能够通过训练好的模型生成以假乱真的数据（图片或文本等）。生成模型的深度表示模型中有多层的隐含变量。

早期的深度生成模型包括受限玻兹曼机（Restricted Boltzmann Machines，RBMs）、深度信念网络（Deep Belief Networks，DBNs）等。最近提出的深度生成模型包括变分自编码器（Variational Autoencoders，VAE）、生成对抗网络（Generative Adversarial Networks，GAN）。其中，生成对抗网络是目前应用最广泛的深度生成模型。

生成对抗网络是一类神经网络，通过轮流训练判别器（Discriminator）和生成器（Generator），令其相互对抗，以从复杂概率分布中采样，如生成图片、文字、语音等。GAN 最初由 Ian Goodfellow 于 2014 年提出，其基本结构如图 8-16 所示。

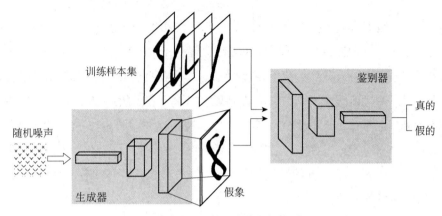

图 8-16　GAN 的基本结构

下面通过一个手写字的例子来进一步窥探 GAN 的结构。现在已出现大量的手写数字的数据集，人们希望通过 GAN 生成一些能够以假乱真的手写字图片。GAN 主要由如下两个部分组成：

①定义一个模型作为生成器（图 8-16 中左侧部分），能够输入一个向量，输出手写数字大小的像素图像。

②定义一个分类器作为判别器（图 8-16 中右侧部分），用来判别图片是真的还是假的（或者说是来自数据集中的还是生成器中生成的）。判别器的输入为手写图片，输出为判别图片的标签。

模型训练时，对于生成器，需要输入一个 n 维度向量，输出为图片像素大小的图片。因而首先应得到输入的向量。这里输入的向量可将其视为携带输出的某些信息，例如手写数字为数字几、手写的潦草程度等。由于通常对输出数字的具体信息不做要求，只要求其能够最大程度与真实手写数字相似（能骗过判别器）即可。所以，可使用随机生成的向量来作为输入即可。对于随机输入最好是满足常见分布，例如均值分布、高斯分布等。对于判别器，可以是任意的判别器模型，如全连接网络或者是包含卷积的网络等。

GAN 训练过程示意图如图 8-17 所示，图中的粗虚线表示真实样本的分布情况，细虚线表示判别器判别概率的分布情况，细实线表示生成样本的分布情况。如果 x 表示输入，用 z 表示噪声，那么 z 到 x 表示通过生成器之后的分布的映射情况。

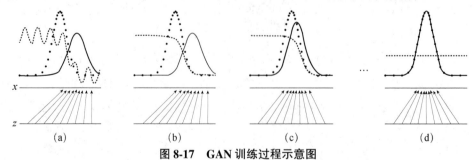

图 8-17　GAN 训练过程示意图

训练的目标是使用生成样本分布（细实线）去拟合真实样本分布（黑色粗虚线），以达到生成样本以假乱真的目的。由图 8-17 可以看出，在图 8-17（a）所示状态，即最初始的状态，生成器生成的分布和真实分布区别较大，并且判别器判别出样本的概率不是很稳定，因此会先训练判别器以更好地分辨样本。通过多次训练判别器来达到图 8-17（b）所示状态，此时判别样本的效果非常显著。接着再对生成器进行训练。训练生成器之后达到图 8-17（c）所示状态，此时生成器分布相比之前，逼近了真实样本分布。经过多次反复训练迭代之后，最终希望能够达到图 8-17（d）所示状态，生成样本分布拟合于真实样本分布，并且判别器分辨不出样本是生成的还是真实的（判别概率均为 0.5）。

以上大致介绍了 GAN 的整体情况。在 GAN 一开始被提出的时候，实际上针对不同的情况也有存在着一些不足，技术人员也陆续提出了不同的 GAN 的变体来完善 GAN。通过一个判别器而不是直接使用损失函数来进行逼近，更能够自顶向下地把握全局的信息。例如在图片中，虽然只是相差几个像素点，但是这些像素点的位置如果在不同位置，那么它们之间的差别可能就非常大。

现在很多方面已开启了 GAN 的应用，例如利用 GAN 来生成制定样式的人物头像、根据文字生成图片等。

8.4 人工智能在文本分类中的应用

8.4.1 文本分类的基本概念

这里以今日头条新闻分类为例，对文本分类的相关内容进行简单介绍。

今日头条是字节跳动科技有限公司开发的一款基于数据挖掘的推荐引擎产品，为用户推荐信息、提供链接与信息等服务。今日头条的模块之一是为用户推荐新闻。图 8-18 展示了今日头条的新闻分类，具体包括西瓜视频、热点、直播、图片、科技、娱乐、游戏、体育、懂车帝、财经、搞笑、更多，共 12 个类别。

所谓分类是指对给定的一个对象，从一个事先定好的分类体系中挑出一个（或者多个）最适合该对象的类别。其中，对象可以是任何事物，事先定好的分类体系是指可能有的结构，最适合是指需要按照一定的判断标准。查找是分类最直接、最普遍的应用。

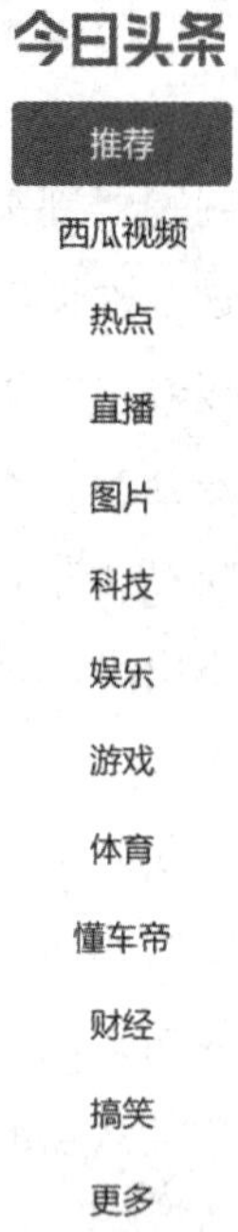

今日头条
推荐
西瓜视频
热点
直播
图片
科技
娱乐
游戏
体育
懂车帝
财经
搞笑
更多

图 8-18　今日头条的新闻分类

知识需要分类，知识的结构和知识是孪生的兄弟，结构本身也是知识。分类系统可以是层次结构的。分类问题按照类别不同可分为二分类问题（属于或不属于）、多分类问题（多个类别，可拆分成二类问题）及多标签问题（一个对象可以属于多个类别）。

文本分类（Text Classification / Text Categorization，TC）也称为文本主题分类，是指在给定的文本主题分类体系下，根据文本的内容自动地确定文本关联的类别。文本分类作为智能组织和管理海量文本数据的重要方法，是自动文本挖掘研究领域的重要组成部分。文本分类方法按照预定的类别体系对用户关心的所有信息进行类别预测和判定，在很大程度上解决了信息杂乱问题。文本分类技术的研究对于信息的价值挖掘和管理利用都具有极其重要的意义。

文本分类的应用十分广泛，包括垃圾邮件的判定（是否为垃圾邮件）、根据标题为图文视频建立标签（政治、体育、娱乐等）、根据用户阅读内容建立画像标签（教育、医疗等）、电商商品评论分析等应用。

文本分类问题是自然语言处理领域中一个非常经典的问题，相关研究最早可以追溯到使用专家规则（Pattern）进行分类。基于规则的分类方法费时费力，覆盖的范围和准确率都非常有限。后来伴随着统计学习方法的发展，特别是互联网在线文本数量增加和机器学习学科的兴起，逐渐形成了人工特征工程加浅层分类建模流程，即浅层机器学习方法。

如图 8-19 所示，传统的浅层机器学习分类方法将整个文本分类问题拆分为特征工程和分类器两部分。特征工程又分为文本预处理、特征提取、文本表示三部分，最终目的是把文本转换成计算机可理解的格式，并封装足够多的用于分类的信息。

特征工程
训练集
文本预处理
特征提取
文本表示
分类器

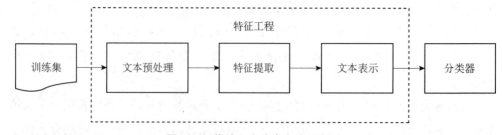

图 8-19　传统文本分类方法示意图

文本预处理是在文本中提取关键词表示文本的过程。中文文本处理主要包括文本分词和去停用词两个阶段。之所以要进行分词，是因为很多研究表明特征粒度为词粒度的应用效果远好于使用字粒度的效果。其实这也很好理解，因为大部分分类算法不考虑词序信息，基于词粒度的算法利用了部分字与字之间的序列信息。

文本表示分为离散表示和分布式表示两种。文本离散表示包括 One-Hot 编码、词袋模型（Bag of Words，BOW）、N 元组表示（N-gram）、TF-IDF 表示等。其中，One-Hot 编码是最简单也是应用最广泛的一种表示方法。它将每个词表示为一个向量，向量长度等于词典的大小，将每个词对应位置标注为 1，其他标注为 0。例如，要对以下两句话中的词进行 One-Hot 表示：

Susan likes apple, Tom likes orange.

Tom likes playing games.

先对这两句话建立一个词典，如下：

{'Susan':1, 'likes':2, 'apple':3, 'Tom':4, 'orange':5, 'playing':6, 'games':7}

词典中共七个词，所以每个词的表示向量长度为 7，向量第一个元素代表 Susan，第二个元素代表 likes，第三个元素代表 apple 等。对每个词进行 One-Hot 编码表示为：

Susan: [1,0,0,0,0,0,0]

likes: [0,1,0,0,0,0,0]

...

games: [0,0,0,0,0,0,1]

词袋模型：每个文本用词典大小的向量进行表示，向量每个元素的值代表该元素对应的词在这个文本中出现的频率。例如，对上述两句话用 BOW 表示就是：

Susan likes apple, Tom likes orange. → [1,2,1,1,1,0,0]

Tom likes playing games. → [0,1,0,1,0,1,1]

N 元组表示：考虑到了相邻词的信息，将相邻词当作一个整体去构建词典。如果 N=1，就是 Unigram；N=2 就是 Bigram；N=3 就是 Trigram。以 Bigram 为例，对上述的两个文本重新建立词典，可得：

{'Susan likes':1, 'likes apple':2, 'apple Tom':3, 'Tom likes':4, 'likes orange':5, 'likes playing':6, 'playing games':7}

有了词典后，就可以利用 BOW 对文本进行表示。

上述离散的文本表示方法主要用于浅层机器学习方法中。浅层机器学习方法的主要问题是文本表示的维度过高，特征表达能力很弱，此外需要人工进行特征标注，成本高。而深度学习最初在图像和语音方面取得巨大成功，相应地推动了深度学习在自然语言处理上的发展，深度学习模型在文本分类上也取得了不错的效果。

深度学习模型一般将文本表示成分布式向量的形式，即文本的分布式表示。文本的分布式表示是两种表示之间的一种多对多关系，它的形式是一组低维的、连续的、稠密的向量。这种表示形式能够避免由于数据稀疏而导致的维度灾难，降低机器学习算法所需的训练数据的数量，从而提升算法的处理效率。例如，"机器学习"一词的分布式表示可以表示成图 8-20 所示的向量形式。

```
【机器学习】的词向量
[ 0.268821    0.374011    0.048173   -0.084303    0.070437   -0.10764     0.33355
  0.579136    0.053251    0.34239    -0.318659   -0.160654   -0.132568    0.183226
 -0.314756    0.233036   -0.234871   -0.138369    0.024055   -0.258634   -0.438956
 -0.153926   -0.236948    0.127202    0.115107    0.069613   -0.218246    0.695834
  0.02518     0.456213    0.059061    0.139309   -0.136434   -0.13065     0.103284
 -0.238611    0.235508   -0.196108    0.028411    0.446873    0.279813   -0.398435
  0.712249    0.08959     0.233198   -0.213576   -0.567725   -0.327889   -0.238967
 -0.319057   -0.010598   -0.372302   -0.118541    0.131923    0.116723    0.004726
  0.288191    0.325959    0.286697   -0.44142     0.246276    0.619589    0.339279
```

图 8-20　"机器学习"一词的一种分布式表示向量

利用分布式表示能够在一定程度上反映文本的句法、语义特征的特点，可以方便地进行语义相似度计算和简单的语义推理。图 8-21 给出了通过词的分布式表示向量得到的与"内马尔"相似的词语及其相似度。

```
和【内马尔】最相关的词有：
梅西 0.881669461727
巴萨 0.876953601837
C罗 0.87518632412
大巴黎 0.87434566021
姆巴佩 0.870280563831
皇马 0.864346623421
巴黎圣日尔曼 0.859097242355
伊涅斯塔 0.856794178486
格列兹曼 0.851144790649
卡瓦尼 0.840297698975
```

图 8-21　通过词的分布式表示向量得到的与"内马尔"相似的词语及其相似度

8.4.2　文本情感分类的基本概念

广义文本情感分析，也被称为评论挖掘、意见挖掘、情感分析等，主要研究如何赋予计算机能够自动分析、辨别、分类、标注及抽取自然语言文本中所携带的文本发起者对某个特定对象及相关属性或话题所表现出来的情感、情绪、态度、评估等主观内容，以及在此基础上的情感总结与生成等。其中，情感是一种复杂的生理和心理现象，一般是指个体在面对外界事物时，所表现出来的态度，如正面、负面等；情绪则强调人类自身的情绪状态变化，如欢喜、愤怒、悲哀、快乐等；相比于情感和情绪，态度与评估注重于自然语言文本中细粒度的情感元素的提取、对某个观点的倾向性及立场分析。

狭义的文本情感分析又被称为文本情感分类、文本倾向性分析等，主要是指给定一段带有主观描述的文本，通过一些方法来辨别该文本所属的总体情感类别。换句话说，狭义的文本情感分析就是通过对给定的文本进行分析，以达到辨别主观性文本所带有的情感属于肯定的还是否定的，或者说该文本所表达出的情感偏向于正面情感还是偏向于负面情感的，它是情感分析领域研究最多的方向。

文本情感分类具有较高的研究价值。从科学角度考虑，情感在感知、认知、处事、创造力中都起着必要的作用，它还在注意力、计划、推理、学习、记忆和决策领域扮演着关键角色。不仅如此，它还影响理性思维的根本机制。实现对人类文本中的情感表达的计算机自动分析研究是人工智能领域必须要解决的问题。从商业角度考虑，商家通过对消费者的意见评论进行分析，挖掘消费者对不同商品的态度，利用这些信息，商家可以制定更加符合消费者需求的营销手段，以获取更大的收益。同时，潜在客户一般在做出购物行为前，会浏览其他消费者的意见，以便做出最适合他们偏好的选择。广义文本情感分析被广泛应用于推荐系统、过滤系统、问答系统、有害信息过滤、电影书籍评论、事件分析及企业情报分析等多个方面。从社会角度考虑，广义情感分析对大量真实个体发表的社会化媒体文本进行研究，实现对大规模人群情感波动的监测，推动突发事件的早期预警。也可以用于对社会化媒体传播过程中个体之间的情绪认知和相互影响的机制进行深入分析，推动群体社会认同需求分析等社会学相关领域的研究。

文本情感分类的方法与文本主题分类方法十分类似，传统的文本情感分类方法大致可分为文本预处理、特征提取、文本表示及文本分类等几个步骤，所不同的是文本情感分类所采用的分类体系不同。

除了文本情感分类之外，广义的文本情感分析还包括面向评价对象的情感分类、不平衡语料上的情感分类、不同句子类型的情感分类、跨领域情感分类、跨语言情感分类、情感元素抽取、个性化情感分析、立场分析、情感文本生成、观点总结与情感摘要生成、意图挖掘、情感原因发现及谣言检测与评价真实性分析等。其中，面向评价对象的情感分类的主要目标是辨别评论语句针对评价对象所表达出的特殊情感极性（如积极的、中性的或消极的）。例如，在商品评论"我买了一部手机，它的像素特别好，但是电池寿命特别短"中，有"手机"、"像素"及"电池"

三个评价对象，评论者对"像素"表现出积极的情感，对于"电池"表现出消极的情感，而对于"手机"却表现出中性的情感。

8.4.3　文本分类的方法

常见的文本分类方法包括文本主题分类和情感分类，可分为基于浅层机器学习的分类方法和基于深度神经网络的分类方法。其中，基于浅层机器学习的分类方法包括朴素贝叶斯算法（Naive Bayes，NB）、决策树算法（Decision Tree）、随机森林（Random Forest）、支持向量机（Support Vector Machines，SVM）、K 最近邻算法（K-Nearest Neighbor，KNN）、Boosting 算法等。基于深度神经网络的分类方法包括基于卷积神经网络的方法（FastCNN，TextCNN 等）、GRU、LSTM、带有注意力机制的网络、胶囊网络（Capsule Networks）、图卷积网络（Graph Convolutional Networks，GCN）、预训练模型（BERT，GPT-2 等）等。其中，用得比较多的是基于卷积神经网络的方法。

卷积神经网络是近年来广泛应用于模式识别、图像处理、语音分析和自然语言处理等领域的一种高效的有监督分类算法。它具有结构简单、训练参数少、适应性强、更类似于生物神经网络等特点。这得益于它的局部连接、权值共享的网络结构，此种网络结构能减少了训练参数的数量，降低了网络模型的复杂度。

卷积神经网络最初是为识别二维形状而特殊设计的一个多层感知器，直接以图像作为网络层级结构的最底层的输入，信息再依次传输到不同的层。每层通过一个数字滤波器来获得观测数据最显著的特征，从而避免了传统识别算法中复杂的特征提取和数据重建过程。

在自然语言处理领域，一般使用一维卷积神经网络。一维卷积神经网络是以一维的句子序列作为输入的卷积神经网络，是一种比较适合处理句子或文档等线性序列的卷积神经网络。典型的一维卷积神经网络包括 C&W 模型、Text CNN 等。

Text CNN 是一种专门为句子建模和分类任务而设计的模型。它具有结构简单、性能优异、易于训练等特点，在多个常用的情感分析数据集上都获得了较好的应用成果。其网络结构示意图如图 8-22 所示。从图中可以看出，该卷积神经网络包括输入层、卷积层、最大池化层和全连接层，通过将这些层叠加起来，构建一个完整的卷积神经网络。该网络可以同时包含多个卷积窗口，并行地从输入层抽取特征。图中只给出了卷积窗口为 3 和 4 的例子，实际工作中可以扩展到更多窗口。

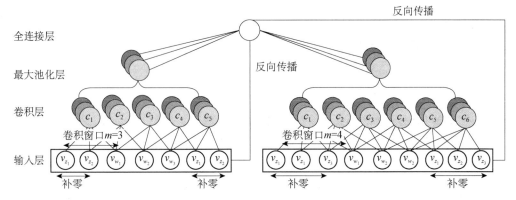

图 8-22 Text CNN 的网络结构示意图

在输入层，模型以当前用于训练的句子中的词对应的词向量构成的矩阵为输入。作为初始向量，这些词向量可以通过词向量构建模块训练得到，也可以使用公开发布的预先训练好的词向量，或者直接随机产生。网络能够处理的句子的最大长度是有限的，较长的句子的开头或者结尾被截去。对于较短的句子，需要在词向量前面或者后面补零。

在卷积层，不同大小的多个卷积窗口在词向量矩阵上滑动，进行卷积操作。卷积操作是卷积窗口在句子序列上滑动，代表卷积窗口的权重向量与输入句子中落在卷积窗口内的词向量进行点乘，产生一个卷积结果。多次卷积的结果形成卷积结果序列。由于这些序列能够在一定程度上捕捉落在卷积窗口内的词的句法和语义特征，所以被称为特征序列。多个特征序列组成一个特征图（Feature Map）。

卷积层是构建卷积神经网络的核心层，它产生了网络中大部分的计算量。卷积具有"权值共享"特性，可以降低参数数量，以降低计算开销，防止由于参数过多而造成过拟合。

在池化层，为了获得最有用的局部卷积特征，采用最大池化操作对特征图进行池化，从中捕捉最有用的局部特征。池化层的作用是逐渐降低数据体的空间尺寸，这样就能减少网络中参数的数量，使计算资源耗费变少，也能有效控制过拟合。

在全连接层，通过一个 Dropout 过程后，被送到 softmax 函数中，得到在各个标签上的概率分布，并输出预测结果。其中，Dropout 过程是一种为降低训练数据上的过拟合现象而提出的深度神经网络训练策略。该策略以一定的概率舍弃神经网络中隐含节点学习到的权重值，代之以相应的随机数。Dropout 策略在多种训练任务上得到了应用，效果明显，逐步成为训练深度神经网络的通用策略。softmax 函数是一种在执行分类任务的神经网络中常被使用的激活函数，通常被用于网络的最后一层，用来预测给定输入在各个标签上的概率分布。

在训练过程中，网络的训练误差反向传播给网络的输入层，分别对网络节点参数和输入的词向量进行微调。输入到全连接层的特征向量，由于能够在一定程度反映输入神经网络的句子的语义信息，可单独提取出来，作为输入的句子对应的分布式表示。

图 8-23 给出了 Text CNN 通过卷积和池化操作实现文本分类的示意图。与图像领域的 CNN 相比，Text CNN 最大的不同是卷积核的长度与词向量的长度相同，词向量作为一个整体进行卷积操作。也就是卷积核从上往下滑动，进行特征抽取。而不像图像的卷积那样，卷积核比图像小很多，卷积核在图像上从左到右、从上到下滑动，进行特征抽取。这样做的原因是自然语言是一维数据，虽然经过词向量堆叠生成了二维向量，但是对词向量做从左到右滑动来进行卷积没有意义。

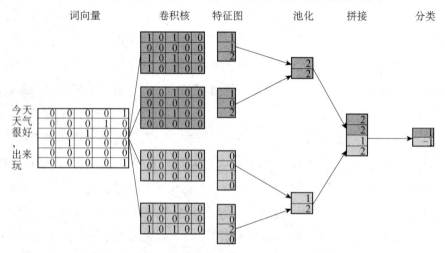

图 8-23　Text CNN 进行文本分类的示意图

参考文献

1．张璠，陈斌，靳洪玲．物联网技术基础．北京：航空工业出版社，2018.5．

2．项立刚．5G 时代：什么是 5G，它将如何改变世界．北京：中国人民大学出版社，2019.5．

3．张翼英，史艳翠．物联网通信技术．北京：中国水利水电出版社，2018.1．

4．江林华．5G 物联网及 NB-IoT 技术详解．北京：电子工业出版社，2018.3．

5．孙丽华，陈荣伶．信息论与编码．4 版．北京：电子工业出版社，2016.7

6．刘黎明，杨晶等．云计算应用基础．成都：西南交通大学出版社，2015.1

7．贾可荣，张彦铎．人工智能（第 3 版）．北京：清华大学出版社，2009

8．米罗斯拉夫·库巴特（美）．机器学习导论．北京：机械工业出版社，2016

9．李俨等．5G 与车联网：基于移动通信的车联网技术与智能网联汽车．北京：电子工业出版社，2019.2

10．李妙然，邹德伟．智能网联汽车技术概论．北京：机械工业出版社，2019-07-19

11．彭玲，李祥，徐逸之等．基于时空大数据的城市脉动分析研究．地理信息世界，2016，23（3）：5-12．

12．王国霞，刘贺平．个性化推荐系统综述［J］．计算机工程与应用，2012，48（07）：66-76．

13．宗成庆．统计自然语言处理［M］．北京：清华大学出版社，2013．

14．周志华．机器学习［M］．北京：清华大学出版社，2016．

15．韩纪庆，张磊，郑铁然．语音信号处理［M］．北京：清华大学出版社，2019．

16．刘兵．情感分析：挖掘观点、情感和情绪［M］．北京：机械工业出版社，2017．